21世纪高等学校计算机教育实用规划教材

Java语言程序设计（第2版）题解与实验指导

沈泽刚 伞晓丽 编著

清华大学出版社
北京

内 容 简 介

本书是与《Java 语言程序设计（第 2 版）》（清华大学出版社出版）配套的实验指导和习题解析，目的是为学生课后学习和课堂上机实验提供支持。全书共分 15 章，每章均包括本章要点、实验指导、习题解析三个方面的内容。书末的附录 A 介绍了 JDK 7 和 Eclipse 的下载、安装和使用。

本书可作为《Java 语言程序设计（第 2 版）》的教辅用书，也可供自学 Java 语言的人员参考。

图书在版编目（CIP）数据

Java 语言程序设计（第 2 版）题解与实验指导/沈泽刚，伞晓丽编著. -- 北京:清华大学出版社，2013（2017.1 重印）

21 世纪高等学校计算机教育实用规划教材

ISBN 978-7-302-32651-9

Ⅰ. ①J…　Ⅱ. ① 沈…　② 伞…　Ⅲ. ①Java 语言－程序设计－高等学校－教学参考资料　Ⅳ. ① TP312

中国版本图书馆 CIP 数据核字（2013）第 122385 号

责任编辑：魏江江　赵晓宁
封面设计：常雪影
责任校对：焦丽丽
责任印制：宋　林

出版发行：清华大学出版社
网　　址：http://www.tup.com.cn，http://www.wqbook.com
地　　址：北京清华大学学研大厦 A 座　　邮　　编：100084
社 总 机：010-62770175　　邮　　购：010-62786544
投稿与读者服务：010-62776969，c-service@tup.tsinghua.edu.cn
质 量 反 馈：010-62772015，zhiliang@tup.tsinghua.edu.cn
课 件 下 载：http://www.tup.com.cn,010-62795954

印 刷 者：北京富博印刷有限公司
装 订 者：北京市密云县京文制本装订厂
经　　销：全国新华书店
开　　本：185mm×260mm　　**印　张**：11.5　　**字　　数**：274 千字
版　　次：2013 年 11 月第 1 版　　**印　　次**：2017 年 1 月第 4 次印刷
印　　数：4001～5000
定　　价：19.00 元

产品编号：053204-01

出版说明

随着我国高等教育规模的扩大以及产业结构调整的进一步完善，社会对高层次应用型人才的需求将更加迫切。各地高校紧密结合地方经济建设发展需要，科学运用市场调节机制，合理调整和配置教育资源，在改革和改造传统学科专业的基础上，加强工程型和应用型学科专业建设，积极设置主要面向地方支柱产业、高新技术产业、服务业的工程型和应用型学科专业，积极为地方经济建设输送各类应用型人才。各高校加大了使用信息科学等现代科学技术提升、改造传统学科专业的力度，从而实现传统学科专业向工程型和应用型学科专业的发展与转变。在发挥传统学科专业师资力量强、办学经验丰富、教学资源充裕等优势的同时，不断更新教学内容、改革课程体系，使工程型和应用型学科专业教育与经济建设相适应。计算机课程教学在从传统学科向工程型和应用型学科转变中起着至关重要的作用，工程型和应用型学科专业中的计算机课程设置、内容体系和教学手段及方法等也具有不同于传统学科的鲜明特点。

为了配合高校工程型和应用型学科专业的建设和发展，急需出版一批内容新、体系新、方法新、手段新的高水平计算机课程教材。目前，工程型和应用型学科专业计算机课程教材的建设工作仍滞后于教学改革的实践，如现有的计算机教材中有不少内容陈旧（依然用传统专业计算机教材代替工程型和应用型学科专业教材），重理论、轻实践，不能满足新的教学计划、课程设置的需要；一些课程的教材可供选择的品种太少；一些基础课的教材虽然品种较多，但低水平重复严重；有些教材内容庞杂，书越编越厚；专业课教材、教学辅助教材及教学参考书短缺，等等，都不利于学生能力的提高和素质的培养。为此，在教育部相关教学指导委员会专家的指导和建议下，清华大学出版社组织出版本系列教材，以满足工程型和应用型学科专业计算机课程教学的需要。本系列教材在规划过程中体现了如下一些基本原则和特点。

（1）面向工程型与应用型学科专业，强调计算机在各专业中的应用。教材内容坚持基本理论适度，反映基本理论和原理的综合应用，强调实践和应用环节。

（2）反映教学需要，促进教学发展。教材规划以新的工程型和应用型专业目录为依据。教材要适应多样化的教学需要，正确把握教学内容和课程体系的改革方向，在选择教材内容和编写体系时注意体现素质教育、创新能力与实践能力的培养，为学生知识、能力、素质协调发展创造条件。

（3）实施精品战略，突出重点，保证质量。规划教材建设仍然把重点放在公共基础课和专业基础课的教材建设上；特别注意选择并安排一部分原来基础比较好的优秀教材或讲义修订再版，逐步形成精品教材；提倡并鼓励编写体现工程型和应用型专业教学内容和课程体系改革成果的教材。

（4）主张一纲多本，合理配套。基础课和专业基础课教材要配套，同一门课程可以有多本具有不同内容特点的教材。处理好教材统一性与多样化，基本教材与辅助教材，教学参考书，文字教材与软件教材的关系，实现教材系列资源配套。

（5）依靠专家，择优选用。在制订教材规划时要依靠各课程专家在调查研究本课程教材建设现状的基础上提出规划选题。在落实主编人选时，要引入竞争机制，通过申报、评审确定主编。书稿完成后要认真实行审稿程序，确保出书质量。

繁荣教材出版事业，提高教材质量的关键是教师。建立一支高水平的以老带新的教材编写队伍才能保证教材的编写质量和建设力度，希望有志于教材建设的教师能够加入到我们的编写队伍中来。

21 世纪高等学校计算机教育实用规划教材编委会
联系人：魏江江
weijj@tup.tsinghua.edu.cn

前　　言

本书是笔者编著的《Java 语言程序设计（第 2 版）》一书的配套教辅用书。《Java 语言程序设计（第 2 版）》已由清华大学出版社出版。

本书与主教材《Java 语言程序设计（第 2 版）》的各章一致，共分 15 章。每章均包含下述三个方面的内容。

1. 本章要点

这部分内容总结本章讲述的主要内容，包括基本概念和基本方法，指出读者应该学习掌握的主要知识点，对教材中有些容易模糊的问题给了更细致的讲解。读者可以将这部分内容作为阅读教材的提纲。

2. 实验指导

这部分内容包括本章的实验要求和实验题目。学习程序设计需要多编写程序、上机实践，这样可以发现问题，找到和学会解决这些问题的方法，更好地掌握所学知识和提高编程能力。本部分给出的上机实验题目所涉及的知识点是本章的重点，应该认真完成。

3. 习题解答

这部分内容对主教材每章中的习题都给出了参考答案，不仅给出了简答题答案，对程序设计题目给出了参考答案。有些编程答案并不是唯一的，建议读者先自己完成题目，然后再对照这里的答案，这更有助于掌握所学知识。

本书是在《Java 语言程序设计（第 2 版）》一书的基础上编写的，是对主教材的补充和扩展。希望本书对读者进一步了解这门课程的基本要求、掌握 Java 语言的实际应用有所帮助。我们由衷地希望此教材能为广大教师在 Java 教学方面提供一些便利，为学生学习 Java 提供一本好用的教材。

本教材在编著过程中得到了很多老师的大力支持和帮助，在此表示感谢。由于笔者水平有限，书中难免存在错误和不足，欢迎读者和同行专家批评指正。

编　者

2013 年 6 月

目　录

第1章 Java 语言概述

1.1 本 章 要 点

Java 的最新版本 Java SE 7，是 Oracle 公司于 2010 年收购 Sun Microsystem 公司后发布的第一个主版本，对应的 Java 开发工具包是 JDK 7。Java 语言于 1995 年 5 月 23 日正式发布，是目前十分流行的高级程序设计语言，尤其适合网络应用程序的开发。Java 语言具有强大生命力，其原因之一是它像软件一样不断推出新版本。多年来，Java 语言不断发展、演化和修订，使它一直站在计算机程序设计语言的前沿。

编译和运行 Java 程序需要使用 Java 开发工具 JDK，可以从 Oracle 的官方网站下载，也可以使用 Eclipse、NetBeans 等图形用户界面的开发工具。关于 JDK 和 Eclipse 的下载、安装和使用，请参阅附录 A。

开发 Java 程序通常分三步，即编辑源程序、编译源程序和执行程序。图 1-1 给出了具体过程。

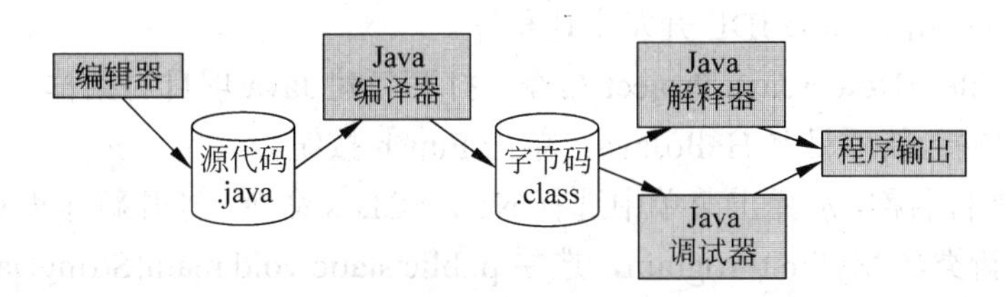

图 1-1　Java 程序的开发、执行流程

Java 字节码运行在 Java 虚拟机上，是一种通过软件实现的运行平台。正是由于 Java 虚拟机，才使 Java 程序具有平台独立性和可移植性。

Java 程序的所有代码都要定义在一个类中，Java 应用程序的标志是类中要定义一个 main()，它是程序执行的入口。

```
import java.util.Date;
public class Application{
   public static void main(String[] args){
      System.out.println("现在的时间是：");
      System.out.println(new Date().toString());
   }
}
```

每种语言都有保留字，具有特殊意义，不能作为他用。标识符用来为类、方法、变量和语句块等命名，应该遵循一定规则。

Java 语言是一个非常重要的面向对象（object-oriented，OO）编程语言。OO 技术是应用程序开发的流行范式。OO 技术主要包括三个领域，即面向对象分析（OOA）、面向对象设计（OOD）和面向对象编程（OOP）。

1.2 实验指导

【实验目的】

1. 掌握简单 Java 程序的编写和运行。
2. 掌握 Eclipse IDE 开发工具的使用。

【实验内容】

实验题目 1：用记事本编写和运行下面程序。

```
public class MyFirstProgram{
   public static void main(String[]args){
      System.out.println("Hello,World!");
      System.out.println("这是我的第一个程序。");
   }
}
```

实验题目 2：用 Eclipse IDE 开发上述程序。

（1）执行 File→New→Java Project 命令，打开新建 Java 项目对话框，在其中的 Project name 文本框中输入新项目名 HelloJava，单击 Finish 按钮。

（2）右击项目名称，从弹出菜单中选择 New→Class 命令，打开新建类对话框。在 Name 文本框中输入新类名 MyFirstProgram，选中 public static void main(String[]args)复选框，单击 Finish 按钮。

（3）在 main()体中输入下面语句：

```
System.out.println("Hello,World!");
System.out.println("这是我的第一个程序。");
```

（4）执行 File→Save 命令或单击 Save 按钮保存文件，Eclipse 将编译该程序。选择 Run→Run 命令或单击 Run 按钮执行程序，输出结果在控制台（console）窗口中显示，如图 1.2 所示。

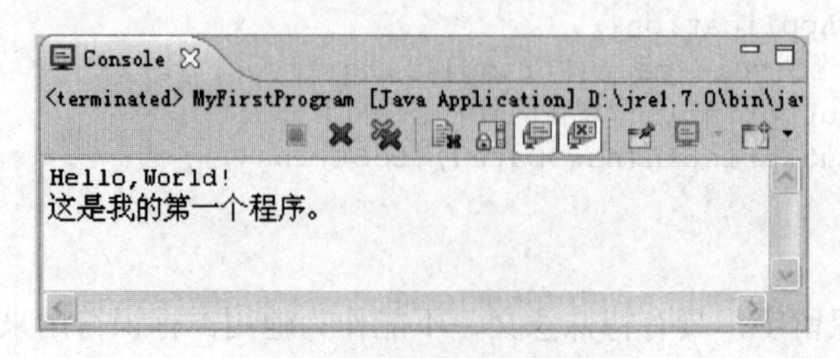

图 1-2　控制台输出窗口

实验题目 3：编写程序，将摄氏温度 43 度转换为华氏温度，摄氏温度转换为华氏温度的公式为：华氏度=（9/5）×摄氏度+32。

```
public class TempConvert{
  public static void main(String[] args){
      double celsius = 43;
      double fahrenheit = ______________________________;

      System.out.println("摄氏度:" + celsius);
      System.out.println("华氏度:" + fahrenheit);
  }
}
```

程序运行结果为：

```
摄氏度: 43.0
华氏度: 109.4
```

实验题目 4：编写一个名为 Stars.java 的应用程序，在屏幕上输出如下图案。

```
*********
*******
*****
***
*
```

【思考题】

1．安装 JDK 后设置 PATH 环境变量的目的是什么？
2．简述 JDK、JRE 和 JVM 的含义和它们的关系。

1.3 习 题 解 析

1. 开发 Java 程序需要安装什么软件？安装后需设置什么环境变量？

【答】 从 www.oracle.com/tecnetwork/java/javase/downloads/index.html 下载 JDK，安装到计算机中。安装完 JDK 后，需要设置 PATH 环境变量，以使系统能够找到 javac 编译器和 java 解释器。

2. 开发与运行 Java 程序需要经过哪些主要步骤和过程，用到哪些工具？

【答】 开发 Java 程序通常分三步：
（1）编辑源程序，可使用任何文本编辑器。
（2）编译源程序，使用 javac.exe 编译器，将源程序编译成类文件。
（3）执行程序，使用 java.exe 解释器在 JVM 上运行程序。

3. JDK 的编译命令是什么？如果编译结果报告说找不到文件，通常会是哪些错误？

【答】 JDK 的编译命令是 javac.exe，命令格式为 javac Welcome.java。如果编译结果报告找不到文件，可能是类名拼写错误或路径错误。

4. Java 源程序编译成功后可以获得什么文件？

【答】 可获得字节码文件，也叫类文件。文件扩展名为 class。

5. 运行编译好的字节码文件使用什么命令？Java 解释器完成哪些任务？

【答】 使用 Java 解释器，即 java.exe，命令格式为 java Welcome (无扩展名)。

6. 下面是本章出现的几个术语，请解释其含义。

JVM　JRE　JDK　OOP　IDE　API

【答】 JVM（Java Virtual Machine）意为 Java 虚拟机。JRE（Java Runtime Enviroment）意为 Java 运行环境，包括 JVM 和核心类库，用来运行字节码。JDK（Java Development Kit）意思为 Java 开发工具集，包括 JRE、编译器、解释器和其他一些工具。要开发 Java 程序，必须下载安装 JDK。OOP（Object-Oriented Programming）意为面向对象程序设计。IDE（Integrated Development Environment）意为集成开发环境。API（Application Programming Interface）意为应用编程接口。

7. 下面是几段 Java 代码，观察其中是否有错误，若有则说明错在何处。

```
(1) public class MyProgram {
        System.out.println("This is a Java program! ");
    }
(2) public class MyProgram
        public static void main(String[] args) {
           System.out.println("This is a Java program!")
        }
(3) public static void main(String[] args){
        Systern.out.println("This is a Java program!");
    }
(4) public class MyProgram {
        public static void Main(String[] args) {
           System.out.println("This is a Java program! ");
        }
      }
```

【答】

（1）该程序缺少 main()。输出语句不能直接写在类体中。

（2）语句缺少分号。

（3）缺少类的定义。

（4）Main()不能作为程序执行的入口点，应该定义 main()。

8. 在下列选项中，（　　）是 Java 的关键字。

A. main　　B. default　　C. implement　　D. import

【答】 B、D。

9. Java 对标识符的命名有哪些规定？在下面的标识符中，哪些是合法的？（　　）

A. MyGame　　B. _isRight　　C. 2JavaProgram

D. Java-Virtual-Machine　　E. $12ab

【答】 标识符必须以字符、下划线（_）或美元符（$）开头，其后可以是字符、下划线、美元符或数字，长度没有限制。

错误的标识符：C 以数字开头　　D 不允许使用连字符“-”。

10. 在下列选项中，（　　）是合法的 Java 标识符。

A. longStringWithMeaninglessName　　B. $int

C. bytes　　D. finalist

【答】 A、B、C、D。

11. 什么是 Java 虚拟机？什么是 Java 平台？

【答】 Java 虚拟机是在一台真正的机器上用软件方式实现的一台假想机。Java 虚拟机是运行 Java 程序必不可少的环境。编译后的 Java 程序指令由 JVM 执行。

Java 平台是在 Windows、Linux 等系统平台上的程序运行平台，主要由 Java 虚拟机（Java VM）和 Java 应用程序接口（Java API）两部分组成。

第2章 数据类型和运算符

2.1 本章要点

Java语言的数据类型分为基本数据类型和引用数据类型。基本数据类型包括boolean、char、byte、short、int、long、float和double等8种，引用数据类型包括数组、类、接口、枚举和注解等。

变量是指其值可以改变的量。Java是一种强类型的语言，因此每个变量都必须有一个确定的类型。

常量是指一旦赋值之后就不能再改变的变量。声明常量使用final关键字。一般来说，常量的名称全都是大写，单词之间用下划线隔开。

```
final int ROW_COUNT = 50;
final boolean ALLOW_USER_ACCESS = true;
```

字面量是一个值的源代码的表示形式。字面量有三种类型：基本类型的字面量、字符串字面量和null字面量。

整数字面量用来为byte、short、int以及long类型的变量赋值。但要注意，赋值时不能超出变量的范围。例如，byte的最大值是127。因此，以下代码会产生一个编译错误，因为对byte类型而言，200太大了。

```
byte a = 200;
```

在给long类型变量赋值时，则以L或l作为数字的后缀。最好用L，如果用小写l，则很容易与数字1混淆。如果一个整型字面量在int范围内，它可直接赋给long型变量，如果超过int范围，则需要使用L。

```
long b = 123;                                    // 正确
long c = 9876543210;                             // 编译错误
long c = 9876543210L;                            // 正确
```

要表示float类型的字面量必须使用F或f。带小数点的字面量默认是double类型。下面语句发生编译错误：

```
float pi = 3.14;                                 // 编译错误
```

要从键盘读取数据可以使用Scanner类的nextInt()或nextDouble()。首先创建Scanner类的一个实例，然后调用nextDouble方法读取double数据：

```
Scanner input = new Scanner(System.in);          // 创建一个Scanner实例input
```

```
double radius = input.nextDouble();     // 通过 input 实例读取一个 double 型数
```

使用 Scanner 类对象还可以从键盘上读取其他类型的数据，如 nextInt()读取一个整数，nextLine()读取一行文本。

在处理不同的数据类型时，经常需要进行类型转换。Java 的类型转换分为自动类型转换和强制类型转换。自动类型转换是从一种类型扩大转换成另一种类型。

这种转换关系可用图 2-1 表示。

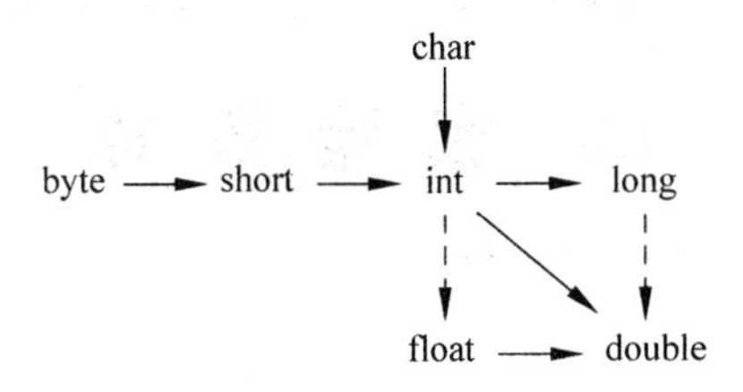

图 2-1　基本类型的自动转换

图 2-1 中的箭头方向表示可从一种类型转换成另一种类型。6 个实心箭头表示不丢失精度的转换，3 个虚线箭头表示的转换可能丢失精度。

强制类型转换是从一种类型缩小转换成另一种类型。在图 2-1 中沿着箭头的反方向的转换都是强制转换。强制转换使用括号运算符，通常丢失信息。

```
long  a = 9876543210L;
int b = (int)a;    // b 的值为 128608619
```

Java 运算符包括一元运算符、算术运算符、关系运算符、逻辑运算符、位运算符、赋值运算符和条件运算符等。每种运算符都有优先级和结合性，如表 2-1 所示。

表 2-1　按优先级从高到低的运算符

类　别	运算符	结合性
一元运算符（unary）	++　--　+　-　!　~　(type)	从右向左
算术运算符（arithmetic）	*　/　%　+　-	从左向右
移位运算符（shift）	<<　>>　>>>	从左向右
关系运算符（relational）	<　<=　>　>=　instanceof ==　!=	从左向右
位运算符（bitwise）	&　^　|	从左向右
逻辑运算符（logical）	&&　||	从左向右
条件运算符（conditional）	? :	从左向右
赋值运算符（assignment）	=　op =	从右向左

无须死记硬背运算符的优先级。在必要时可以在表达式中使用括号。括号的优先级最高，还可以使表达式显得更加清晰。例如，考虑以下代码：

```
int x = 5;
int y = 5;
boolean z = x * 5 == y + 20;
```


因为“*”和“+”的优先级比“= =”高，比较运算之后，z 的值是 true。但是，这个表达式的可读性比较差。可以使用圆括号把最后一行修改如下：

```
boolean z = (x * 5) = = (y + 20);
```

最后结果相同。但该表达式要比不使用括号的表达式要清晰得多。

2.2 实 验 指 导

【实验目的】

1. 掌握各种基本数据类型的使用。
2. 掌握运算符及表达式的使用。

【实验内容】

实验题目 1：输入下面名为 DataTypeDemo.java 的程序，修改其中的错误，直到能够正确编译并执行。

```
public class DataTypeDemo{
  public static void main(String args){
    final double PI = 3.1415926;
    boolean b =true;
    int x,y = 8;
    float f = 4.5;
    double d = 1.71828;
    char c;
    c = '\u0041';
    x = 12;
    System.out.println("b = "+b);
    System.out.println("x = "+x);
    System.out.println("y = "+y);
    System.out.println("f = "+f);
    System.out.println("d = "+d);
    System.out.println("c = "+c);
    System.out.println("PI = "+PI);
  }
}
```

注意：

（1）标识符常量可以先声明后赋值，但赋值后不能再修改其值。

例如：

```
final  double PI = 3.1415926;
```

（2）赋值不能超出类型的范围，否则产生编译错误。

例如：

```
byte  b = 128;
```

（3）带小数点的数或用科学记数法表示的数，默认为 double 类型的数据，因此在为 float 型数据赋值时应加上 f 或 F。

例如，下面的赋值语句会产生编译错误：

```
float  f = 2e3;
```

正确的语句应为：

```
float  f = 2e3F;
```

（4）方法中声明的变量不自动初始化，使用之前必须为其赋值，一般在声明变量时为其赋一个合理的初值。

例如：

```
int  i;
System.out.println("i = " + i);
```

若上面的 i 是在一个方法中声明的，接下来输出 i 的值就会产生编译错误。可以在声明时为变量赋值。

例如：

```
int  i = 0;
```

实验题目 2：编写程序 IntDecimal.java，接受用户从键盘输入一个 double 型数，把它的整数部分和小数部分分别输出。提示：使用强制类型转换。

实验题目 3：编写程序 DigitSum.java，接受用户从键盘输入一个三位整数（如 385），计算并输出各位数字之和。

例如：

```
请输入一个三位整数：385
各位数字之和为：16
```

提示：使用“%”和“/”运算符可求出每一位数字。

实验题目 4：编写程序利用“异或”运算实现加密解密小程序。

提示：由“异或”运算法则可知，a ^ a = 0，a ^ 0 = a。因此，如果 c = a ^ b，那么 a = c ^ b，即用同一个数对数 a 进行两次“异或”运算的结果又是数 a。利用该性质，对几个字符进行加密并输出密文，然后再解密。

【思考题】

1. 如何理解数据类型的自动转换和强制转换？
2. Java 的数据类型分几类？各有哪些具体类型？

2.3 习题解析

1. Java 的基本数据类型有哪几种？int 型的数据最大值和最小值分别是多少？Java 引用数据类型有哪几种？

【答】 Java 共有 8 种基本数据类型：字节型、短整型、整型、长整型、单浮点型、双浮点型、布尔类型、字符类型。int 型数据的最小值是 -2^{31}，最大值是 $2^{31}-1$。

Java 中常用的引用数据类型有数组、类、接口、枚举类型、注解类型等。

2. 什么是常量？什么是变量？字符字面量和字符串字面量有何不同？

【答】 常量是在程序运行过程中，其值不能被改变的量。变量是在程序运行中其值可以改变的量。

Java 语言的字符型字面量是用单引号将字符括起来单个字符；字符串字面量是用双引号括起来的一个或多个字符组成，字符串不是 Java 的基本数据类型，属于引用类型。

3. Java 的字符使用何种编码？这种编码能表示多少个字符？

【答】 Java 语言使用统一码（Unicode）为字符编码，是由 Unicode Consortium 建立的一种编码方案。Unicode 字符集是用两个字节（16 位）的无符号整数为字符编码，可表示 65 536 个字符。它可以表示各国的语言符号，包括希腊语、阿拉伯语、日语以及汉语等。

4. 在下列语句中，（　　）语句会发生编译错误或警告。

A. char d = "d";　　　　B. float f = 3.1415;

C. int i = 34;　　　　D. byte b = 257;

E. boolean isPresent = true;

【答】 A、B、D。

5. 什么是自动类型转换？什么是强制类型转换？试举例说明。

【答】 自动类型转换也称加宽转换，是指将具有较少位数的数据类型转换为具有较多位数的数据类型。

例如：

```
byte  b = 64 ;
int   i = b ;          // 字节型数据 b 自动转换为整型
```

强制类型转换是将位数较多的数据类型转换为位数较少的数据类型，如将 double 型数据转换为 byte 型数据。其语法是在圆括号中给出要转换的目标类型，随后是待转换的表达式。

例如：

```
byte  b = 5;
double d = 333.567;
b = (byte) d;        // 将 double 型值强制转换成 byte 型值
```

6. 如何从键盘上输入整数、浮点数和字符串？

【答】 从键盘输入数据的一种方法是使用 Scanner 类的对象，调用 nextInt 方法可以输入一个整数，调用 nextDouble 方法可以输入一个浮点数，调用 nextLine 方法可以输入一行字符串。

7. 在下列选项中，（　　）范围的值可以给 byte 型变量赋值。

A. 依赖于基本硬件　　B. $0 \sim 2^{8}-1$

C. $0 \sim 2^{16}-1$　　D. $-2^{7} \sim 2^{7}-1$

E. $-2^{15} \sim 2^{15}-1$

【答】 D。

8. 在下列选项中，（　　）范围的值可以给 short 型的变量赋值。

A. 依赖于基本硬件　　B. $0 \sim 2^{16}-1$

C. $0 \sim 2^{32}-1$　　D. $-2^{15} \sim 2^{15}-1$

E. $-2^{31} \sim 2^{31}-1$

【答】 D。

9. 请选出三个合法的对 float 变量的声明（　　）。

A. float foo = -1;　　B. float foo = 1.0;

C. float foo = 42e1;　　D. float foo = 2.02f;

E. float foo = 3.03d;　　F. float foo = 0x0123;

【答】 A、D、F。

10. 修改下面程序的错误之处。

```
public class Test{
  public static void main(String[] args){
    unsigned  byte b = 0;
    b = b - 1;
    System.out.println("b = " + b);
  }
}
```

【答】 去掉 unsigned，将 b = b－1 改为 b = (byte)(b－1)。

11. 下面（　　）两个表达式的值相等。

A. 3 / 2　　B. 3 < 2

C. 3 * 4　　D. 3 << 2

E. 3 * 2 ^ 2　　F. 3 <<< 2

【答】 C、D。

12. 下面代码的输出结果为（　　）。

```
int op1 = 51;
int op2 = -16;
System.out.println("op1^op2 = "+(op1 ^ op2));
```

A. op1 ^ op2 = 11000011　　B. op1 ^ op2 = 67
C. op1 ^ op2 = - 61　　D. op1 ^ op2 = 35

【答】 C。

13. 下面程序输出的 j 值为（　　）。

```
public class Test{
  public static void main(String[] args){
    int i = 0xFFFFFFF1;
    int j = ~i;
    System.out.println("j = "+j) ;
  }
}
```

A. 0　　B. 1　　C. 14　　D. −15
E. 第 3 行产生编译错误　　F. 第 4 行产生编译错误

【答】 C。

14. 写出下面程序输出结果。

```
public class Test{
  public static void main(String[] args){
    System.out.println(6 ^ 3);
  }
}
```

【答】 5。

15. 设 x = 1, y = 2, z = 3, u = false，写出下列表达式的结果。

① y+ = z--/++x;　　② u = y>z^x!=z　　③ u = z << y==z*2*2

【答】 ① 3；② true；③ true。

16. 编写程序，从键盘上输入一个 double 型的华氏温度，然后将其转换为摄氏温度输出。转换公式如下：摄氏度 = (5/9)×（华氏度-32）

参考程序如下：

```
import java.util.Scanner;
public class TempConvert{
  public static void main(String[] args){
    Scanner input = new Scanner(System.in);
    double fahrenheit;
```

```
        System.out.println("请输入华氏温度：");
        fahrenheit = input.nextDouble();

        double celsius = (5.0/9) * (fahrenheit -32);
        System.out.println("Fahrenheit is :" + fahrenheit);
        System.out.println("Celsius:" + celsius);
    }
}
```

17. 编写程序，从键盘输入圆柱底面半径和高，计算并输出圆柱的体积。

参考程序如下：

```
import java.util.Scanner;
public class CylinderDemo{
    public static void main(String[]args){
        Scanner sc = new Scanner(System.in);
        System.out.print("请输入圆柱底面半径：");
        double radius = sc.nextDouble();
        System.out.print("请输入圆柱高：");
        double height = sc.nextDouble();
        System.out.printf("圆柱的体积：%8.2f", Math.PI*radius*radius*height);
    }
}
```

18. 编写程序，从键盘上输入你的体重（单位：公斤）和身高（单位：米），计算你的身体质量指数（Body Mass Index，BMI），该值是衡量一个人是否超重的指标。计算公式为 BMI = 体重 / 身高的平方。

参考程序如下：

```
import java.util.Scanner;
public class BodyMassDemo{
    public static void main(String[]args){
        Scanner input = new Scanner(System.in);
        double weight,height;
        double bodymass;
        System.out.print("请输入你的体重（单位：公斤）：");
        weight = input.nextDouble();
        System.out.print("请输入你的身高（单位：米）：");
        height = input.nextDouble();
        bodymass = weight / (height * height);
        System.out.printf("你的身体质量指数是："+bodymass);
    }
}
```

第3章 程序流程控制

3.1 本 章 要 点

Java 语言支持结构化程序设计中规定的三种基本控制结构，即顺序结构、分支结构和循环结构。

顺序结构比较简单，其执行过程是从所描述的第一个操作开始，按顺序依次执行后续的操作，直到序列的最后一个操作。

分支结构可以通过 if-else 和 switch 实现。if 语句属于条件分支语句。if 语句的语法有以下两种：

```
if(booleanExp){          // 单分支结构
  statement(s)
}

if(booleanExp){          // 双分支结构
  statement(s)
}else{
  statement(s)
}
```

如果 if 或 else 块中只有一条语句，大括号就可以省略，具体如下：

```
if (a > 3)
  a ++;
else
  a = 3;
```

但是这样可能导致 else 悬空问题。考虑下面的示例：

```
if(a > 0)
  if(a > 10)
    System.out.println("a > 10");
else
    System.out.println("a < 0");
```

这里，else 语句悬空了。因为 else 语句与哪个 if 语句相关不清楚。当然，else 语句总是与离它最近的前一个 if 语句相关。如果使用大括号就可以使代码一目了然。

```
if(a > 0){
  if(a > 10){
    System.out.println("a > 10");
```

```
  }else{
    System.out.println("a <= 10");
  }
}
```

switch 结构用来实现多分支，语法如下：

```
switch(expression){
   case value:statements; break;
   case value:statements; break;
   …
   default:statements
}
```

expression 的类型可以是 byte、short、int、char、enum、String 等类型，value 是上述类型的字面值或一个枚举值。

循环结构包括 while 循环、do-while 循环、for 循环和增强的 for 循环。

while 语句的语法如下：

```
while(booleanExpr){
   statement(s)
}
```

do-while 语句的语法如下：

```
do{
   statement(s)
}while(booleanExpr);
```

大括号中是循环体。while 循环体可能一次也不执行，do-while 循环体至少执行一次。如果循环体只有一条语句，可以省略大括号，但为了清晰起见，建议始终使用大括号。

for 循环的语法如下：

```
for(init; booleanExpr;iterate){
   statement(s)
}
```

for 循环是 4 种循环中最复杂、最灵活的循环。在初始部分 init 和迭代部分 iterate 可以使用逗号运算符，for()语句中的 3 个部分都可以省略，但括号和分号不能省略。

```
for(int i = 0, j = 10; j > 5 && i < 3; i++, j--){
   System.out.println(i +"  " + j);
}
```

在 while 循环、do-while 循环和 for 循环中都可以使用 break 语句或 continue 语句。break 语句用来结束循环，跳出循环体。continue 语句仅结束当前一次迭代，控制转到下一次迭代开始。在 Java 中还支持带标签的 break 语句和 continue 语句，它们用来实现其他语言的 goto 语句的功能。

分支结构和循环结构可以相互嵌套。增强的 for 循环在第 5 章讨论。

3.2 实验指导

【实验目的】

1. 掌握分支结构程序设计。
2. 掌握循环结构程序设计。

【实验内容】

实验题目 1：编写程序，从键盘输入 a、b、c、d 四个整数，计算(a+b)/(c−d)的值，如果 c−d 的值为 0，应输出错误信息。

实验题目 2：身体质量指数（Body Mass Index，BMI）是衡量一个人是否超重的指标。计算公式为 BMI＝体重/身高的平方，体重单位为公斤，身高单位为米。

对于一个成年人的 BMI 值的含义如下：

- 小于 16，表示严重过轻；
- 16～18，表示过轻；
- 18～24，表示体重适中；
- 24～29，表示过重；
- 29～35，表示肥胖；
- 大于 35，表示非常肥胖。

编写程序，从键盘上输入体重（单位：公斤）和身高（单位：米），输出体重在什么范围。

实验题目 3：编程打印输出 Fibonacci 数列的前 20 个数。Fibonacci 数列是第一和第二个数都是 1，以后每个数是前两个数之和，用公式表示为 $f_1=f_2=1, f_n=f_{n-1}+f_{n-2}$ (n >= 3)。

实验题目 4：编写程序 PerfectNumber.java，求出 1~1000 之间的所有完全数。完全数是其所有因子（包括 1 但不包括该数本身）的和等于该数。例如 28=1+2+4+7+14，28 就是一个完全数。

提示：求 n 的所有因子之和的部分代码如下。

```
int sum = 1;
for(int k = 2;k < n/2;k++){
    if(n%k == 0)     // k 是 n 的一个因子
     sum = sum + k;
}
```

实验题目 5：编写程序 PrimeFactor.java，从键盘读入一个整数，计算并显示该整数的所有素数因子。例如，输入整数为 120，输出应为 2、2、2、3、5。

下面是部分代码：

```
do{
    for(int k = 2;k <= n;k ++){
```

```
      if(n % k == 0){
         System.out.println(k);
         n = n / k;
         break;
      }
   }
}while(n != 1);
```

【思考题】

1. switch 结构中的表达式允许使用哪些类型？

2. while 循环结构和 do-while 循环结构有什么异同？

3.3 习 题 解 析

1. 写出下面程序运行结果。

```
public class Foo{
  public static void main(String[] args){
    int i = 1;
    int j = i++;
    if((i > ++j) && (i++ == j)){
      i += j;
    }
    System.out.println("i = "+i+", j = "+j) ;
  }
}
```

【答】 i = 2, j = 2。

2. 给定下面代码段，问变量 i 可使用哪三种数据类型？（　　）

```
switch (i) {
  default:
     System.out.println("Hello");
}
```

A. char　　B. byte　　C. float

D. double　　E. Object　　F. enum

【答】 A、B、F。

3. 给定下面程序段，求输出结果。（　　）

```
int i = 1, j = 0 ;
switch(i)  {
  case 2:  j += 6;
```

```
    case 4:  j += 1;
    default:  j += 2;
    case 0:  j += 4;
  }
  System.out.println(j);
```

A. 6　　B. 1　　C. 2　　D. 4

【答】 A。

4. 下面的程序有错误：

```
public class IfWhileTest {
  public static void main (String []args)   {
    int x = 1, y = 6;
    if(x = y)
      System.out.println("Equal ");
    else
      System.out.println("Not equal ");
    while (y--)  { x++ ; }
    System.out.println("x = " + x+ "  y = " + y);
  }
}
```

若使程序输出下面结果，应如何修改程序。

```
Not equal
x = 7  y = -1
```

【答】 if (x = y) 改为 if (x == y)，while (y--)改为 while (y-->0)。

5. 下面程序段执行后，i 、j 的值分别为（　　）。

```
int i = 1, j = 10;
do{
   if(i++>--j)  continue;
}while(i < 5);
```

A. i = 6　j = 5　　B. i = 5　j = 5
C. i = 6　j = 4　　D. i = 5　j = 6

【答】 D。

6. 下面程序输出 2～100 之间的所有素数，请填空。

```
public class PrimeDemo {
  public static void main(String[] args){
    int i = 0, j = 0;
    for(i = 2; i <= 100; i++){
      for(j = 2; j < i; j++){
```

```
            if(i % j == 0)
          ________
        }
      if(_______)
        System.out.print(i + "  ");
      }
    }
  }
```

【答】 break; j == i。

7. 下面程序的执行结果为（　　）。

```
public class FooBar{
  public static void main(String[] args){
    int i = 0, j = 5;
    tp: for(; ; i++){
        for(; ; --j)
          if(i > j)  break tp;
    }
    System.out.println("i = "+i+",j = "+j);
  }
}
```

A. i = 1, j = −1　　　　B. i = 0, j = −1
C. i = 1, j = 4　　　　D. i = 0, j = 4
E. 在第 4 行产生编译错误

【答】 B。

8. 下列程序的输出结果是（　　）。

```
public class Ternary{
  public static void main(String[] args){
    int a = 5;
    System.out.println("值为 - " + ((a < 5) ? 9.9 : 9));
  }
}
```

A. 值为–9　　　　B. 值为–5
C. 发生编译错误　　　　D. 都不是

【答】 D。

9. 编写程序，接受用户从键盘输入 10 个整数，比较并输出其中的最大值和最小值。
参考程序如下：

```
import java.util.Scanner;
public class TenNum{
```

```
    public static void main(String[]args){
        Scanner sc = new Scanner(System.in);
        System.out.print("请输入第 1 个整数：");
        int max = sc.nextInt();
        int min = max;
        for(int i =2;i <=10 ; i++){
            System.out.print("请输入第"+i+"个整数：");
            int num = sc.nextInt();
            if (num >max) max = num;
            if(num < min) min = num;
        }
        System.out.println("max= "+max);
        System.out.println("min= "+min);
    }
}
```

10. 求解“鸡兔同笼问题”：鸡和兔在一个笼里，共有腿 100 条，头 40 个，问鸡兔各有几只？

参考程序如下：

```
public class ChickenHare{
    public static void main(String[]args){
        int legs = 100;
        int heads = 40;
        int chick, hare;
        for(chick = 0;chick <= 50;chick++){
            for(hare=0;hare<=25;hare++){
                if((chick+hare)==40&&(chick*2+hare*4)==100)
                  System.out.println("chick="+chick+" ,hare="+hare);
            }
        }
    }
}
```

11. 从键盘输入一个百分制的成绩，输出五级制的成绩，如输入 85，输出“良好”，要求使用 switch 结构实现。

参考程序如下：

```
import java.util.Scanner;
public class GradeTest{
    public static void main(String[] args){
        Scanner input = new Scanner(System.in);
        System.out.print("请输入成绩：");
        double score = input.nextDouble() ;
        String grade = "";
        if(score >100 || score <0){
```

```
            System.out.println("输入的成绩不正确。");
            System.exit(0);      // 结束程序运行
        }else{
            int g = (int)score /10;
            switch(g){
                default: grade = "不及格"; break;
                case 10: case 9: grade = "优秀"; break;
                case 8: grade = "良好"; break;
                case 7: grade = "中等"; break;
                case 6: grade = "及格"; break;
            }
        }
        System.out.println("你的成绩为：" + grade);
    }
}
```

12. 编写程序，从键盘输入一个整数，计算并输出该数的各位数字之和。例如：

```
请输入一个整数：8899123
各位数字之和为：40
```

参考程序如下：

```
import java.util.Scanner;
public class DigitSum {
    public static void main(String[] args) {
        Scanner input = new Scanner(System.in);
        System.out.print("请输入一个整数：");
        int n,sum = 0;
        n = input.nextInt();
        while(n > 0){
            sum = sum + n%10;
            n = n / 10;
        }
        System.out.println("各位数字之和为：" + sum);
    }
}
```

13. 假设大学的学费年增长率为 7.8%，编程计算多少年后学费翻一番？
参考程序如下：

```
public class TuitionCal{
  public static void main(String[] args){
    double rate = 0.078;
    int n = 0;
    double sum = 1.0;
```

```
        while(sum < 2){
          sum = sum + sum * rate;
          n = n+1;
        }
        System.out.println("year = " + n);
        System.out.println("tuition = " + sum);
    }
}
```

14. 编写程序，求出所有的水仙花数。水仙花数是这样的三位数，它的各位数字的立方和等于这个三位数本身，例如 $371=3^3+7^3+1^3$，371 就是一个水仙花数。

参考程序如下：

```
public class Narcissus{
   public static void main(String[]args){
      for(int i = 100; i < 1000; i++){
         int a = i %10;
         int b = (i / 10)%10;
         int c = i / 100;
         if(a*a*a+b*b*b+c*c*c==i)
            System.out.println(i);
      }
   }
}
```

15. 从键盘输入两个整数，计算这两个数的最小公倍数和最大公约数并输出。

参考程序如下：

```
import java.util.Scanner;
public class GCDLCM{
   // 求最大公约数(Greatest Common Divisor)
   // 若 x > y , gcd(x,y)=gcd(x-y,y)
   // 若 x < y, gcd(x,y)=gcd(x,y-x)
   // 若 x = y, gcd(x,y)=x=y
   public static int gcd(int x, int y){
      if (x > y)
        return gcd(x - y, y);
      if (x < y)
     return gcd(x, y - x);
     return x;

   }
   // 求最小公倍数（Least Common Multiple）
   // 最小公倍数等于两数之积除以最大公约数
   public static int lcm(int x, int y){
      int gcd = gcd(x,y); // 求最大公约数
```

```
        return  x*y / gcd;
    }
    public static void main(String[]args){
        Scanner sc = new Scanner(System.in);
        System.out.print("请输入正整数 x: ");
        int a = sc.nextInt();
        System.out.print("请输入正整数 y: ");
        int b = sc.nextInt();

        System.out.println("最大公约数=" + gcd(a,b));
        System.out.println("最小公倍数=" + lcm(a,b));
    }
}
```

16. 编写程序，求出 1～1000 之间的所有完全数。完全数是其所有因子（包括 1 但不包括该数本身）的和等于该数。例如，28=1+2+4+7+14，28 就是一个完全数。

参考程序如下：

```
public class PerfectNumber{
    public static boolean perfect(int n){
        int sum=1;
        for(int k=2;k<n;k++){
          if(n%k==0)
            sum=sum+k;
          }
          if(sum==n)
            return true;
          else
            return false;
    }
    public static void main(String args[]){
        for(int i = 1;i <= 1000; i++)
            if(perfect(i))
              System.out.println(i);
    }
}
```

17. 编写程序读入一个整数，显示该整数的所有素数因子。例如，输入整数为 120，输出应为 2、2、2、3、5。

参考程序如下：

```
import java.util.Scanner;
public class PrimeFactor{
   public static void main(String[]args){
      Scanner sc =new Scanner(System.in);
```

```
        System.out.print("Input a number:");
        int n = sc.nextInt();
        do{
          for(int k=2;k<=n;k++){
              if(n%k==0){
              System.out.println(k);
                 n=n/k;
                 break;
              }
          }
        }while(n!=1);
    }
}
```

18. 编写程序，计算当 n=10000,20000,⋯,100000 时 π 的值。求 π 的近似值公式如下。

$$\pi=4\times\left(1-\frac{1}{3}+\frac{1}{5}-\frac{1}{7}+\frac{1}{9}-\frac{1}{11}+\frac{1}{13}+\cdots+\frac{1}{2n-1}-\frac{1}{2n+1}\right)$$

参考程序如下：

```
public class ComputePI{
    public static void main(String[]args){
      double pi;
      double sum;
      int n = 10000;
      int sign = 1;
      for(n=10000;n<=100000;n+=10000){
        sum = 0;
        for(int i = 1;i<= n;i++){
          sign =(i%2==0)?-1:1;
          sum =sum + sign*(1.0/(2*i-1));
        }
        pi = 4 * sum;
        System.out.println("n = " + n);
        System.out.println("PI = " + pi);
      }
    }
}
```

19. 编写程序，计算贷款的每月支付额。程序要求用户输入贷款的年利率、总金额和年数，程序计算月支付金额和总偿还金额，并将结果显示输出。计算贷款的月支付额公式如下：

$$\frac{\text{贷款总额}\times\text{月利率}}{1-\dfrac{1}{(1+\text{月利率})^{\text{年数}\times 12}}}$$

参考程序如下：

```
import java.util.Scanner;
public class ComputeLoan {
   public static void main (String[] args) {
      Scanner sc = new Scanner(System.in);
      System.out.print("请输入年利率：");
      double annualRate = sc.nextDouble();
      double monthlyRate = annualRate / 1200;  // 计算月利率
      System.out.print("请输入贷款总额：");
      double loanAmount = sc.nextDouble();
      System.out.print("请输入年数：");
      double numberOfYear = sc.nextDouble();

      double monthlyPayment = loanAmount*monthlyRate / (1 -
         1/Math.pow(1 + monthlyRate,numberOfYear * 12));
      double totalPayment = monthlyPayment*12*numberOfYear;
      System.out.printf("月支付额：%.2f%n",monthlyPayment);
      System.out.printf("总支付额：%.2f%n",totalPayment);
   }
}
```

第4章 类和对象基础

4.1 本章要点

类和对象是Java语言最基本的要素。类的定义包括定义成员变量和成员方法。在面向对象编程（OOP）中，抽象就是用软件对象表示真实对象的过程。因此，软件对象不需要具有真实对象的全部细节。例如，在员工管理系统中可以按如下定义一个Employee类：

```
public class Employee{
   private String name;          // 定义三个成员变量
   private int age;
   private double salary;
   public Employee(){}           // 下面定义了三个构造方法
   public Employee(String name, int age){
      this.name = name;          // this 关键字表示当前对象本身
      this.age = age;
   }
   public Employee(String name, int age,double salary){
      this.name = name;
      this.age = age;
      this.salary = salary;
   }
   public String getName(){      // 这里定义了几个成员方法
       return name;
   }
   public void setSalary(double salary){
      this.salary = salary
   }
   public double getSalary(){
      return salary;
   }
}
```

类中定义的成员变量实现对象的状态，方法实现对象的行为。构造方法用来创建类的一个实例（对象）。对象初始化就是为对象的成员变量分配存储空间，对象不被使用将被清除。创建对象使用new关键字调用类的构造方法。下面在main()中创建两个Employee对象：

```
Employee emp1 = new Employee();
Employee emp2 = new Employee("LiMing",28,4500.00);
```

上述代码执行后的栈与堆的情况如图4-1所示。

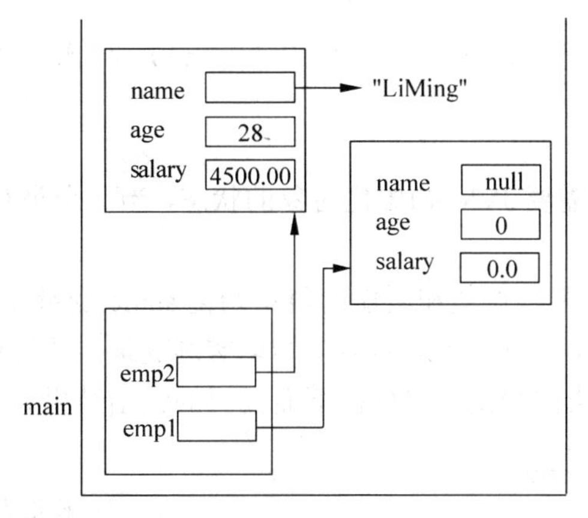

图 4-1　程序运行时栈和堆示意图

在 Java 类定义中，普通方法和构造方法都可以重载，即名称相同，参数不同的方法。参数不同指的是参数个数不同或参数类型不同。

类的成员根据是否使用 static 修饰符，可将变量分为实例变量和类变量，将方法分为实例方法和类方法。

实例方法可以访问实例变量和 static 变量，可以调用其他实例方法和 static 方法。static 方法只能访问 static 变量和调用其他 static 方法。

可以通过实例名称访问类的实例变量和调用实例方法：

```
emp2.setSalary(5000);                        // 将 emp2 的工资改为 5000
```

调用方法通常需向方法传递参数，参数可以是基本类型变量或引用类型变量。基本类型变量是通过赋值传递，引用类型变量是通过引用传递。请看下面的例子。

```
class Point{
   public int x;
   public int y;
}

public class ParamPassing{
   public static void increment(int x){
      x++;
   }
   public static void reset(Point point){
       point.x = 0;
       point.y = 0;
   }
   public static void main(String[]args){
       int a = 9;
       intcrement(a);
       System.out.println(a);                  // 输出 9
       Point p = new Point();
       p.x = 400;
       p.y = 600;
```

```
        reset(p);
        System.out.println(p.x  + ", " + p.y); // 输出 0, 0
    }
}
```


当创建类的对象时，需要 JVM 初始化对象的状态，当一个类有多种初始化方法时，执行顺序如下：

① 对 static 变量，先用默认值和所赋的值初始化 static 变量和 static 初始化块。

② 对实例变量，用默认值和所赋的值初始化实例变量，然后调用初始化块。

③ 最后使用构造方法初始化。请分析下面代码的输出结果。

```
public class InitDemo {
   InitDemo (){                                  // 构造方法
     j = 1000;
     System.out.println("j = "+j);
   }
   int i;                                        // 变量声明
   static int j = 50;
   {                                             // 初始化快
      i = 5;
      j = 10;
      System.out.println("i = "+i);
      System.out.println("j = "+j);
   }
   static {                                      // 静态初始化块
      j = 100;
      System.out.println("j = "+j);
   }
   public static void main (String[] args) {
       System.out.println("InitDemo.j = "+InitDemo.j);
       InitDemo aa = new InitDemo();
       InitDemo.j = 500;
       System.out.println("aa.j = "+aa.j);
   }
}
```

输出结果如下：

```
j = 100
InitDemo.j = 100
i = 5
j = 10
j = 1000
aa.j = 500
```

包是实现类的组织和命名的一种机制，可以将相关的类组织到一个包中，如果将定义的类存放到某个包中，需使用 package 语句：

```
package com.demo;                        // 将代码中定义的类存放在 com.demo 包中
```

如果需要使用某个包中的类或某个静态成员，需要时使用 import 语句导入。有两种格式的 import 语句：

```
import java.util.Scanner;            // 导入 Scanner 类
import static java.lang.Math.*;      // 导入 Math 类的静态成员
```

4.2 实验指导

【实验目的】

1. 掌握类和方法的定义，对象的创建和使用。
2. 掌握引用的概念和引用赋值。
3. 掌握方法重载，构造方法的作用及使用。
4. 掌握包的概念和使用。

【实验内容】

实验题目 1：Rectangle 类的定义及使用。

（1）定义一个名为 Rectangle 的类表示矩形，其中含有 length、width 两个 double 型的成员变量表示矩形的长和宽。编写一个 RectDemo 应用程序，在 mian()中创建一个矩形对象 rt，通过访问成员变量的方式为两个成员变量赋值，计算并输出它的面积。

（2）修改 Rectangle 类，为每个变量定义访问方法和修改方法，定义求矩形周长的方法 perimeter()和求面积的方法 area()。修改 RectDemo 应用程序，在 main()中创建矩形对象后通过方法设置其长和宽，然后输出其周长和面积。

（3）为 Rectangle 类编写一个带参数的构造方法，通过用户给出的长、宽创建矩形对象，再编写一个默认的构造方法，在该方法中调用有参数的构造方法，将矩形的长宽分别设置为 2 和 1。编写一个类测试这个矩形类。

实验题目 2：Box 类的定义及使用。

（1）定义一个名为 Box 的类，该类有三个 double 类型的成员变量，分别为 length、width 和 height，表示盒子的长、宽和高。编写一个应用程序 BoxDemo，创建一个名为 mybox 的 Box 对象，通过访问成员变量的方式为三个成员变量赋值，然后计算该盒子的体积并输出。

（2）修改 Box 类，为其成员变量定义修改方法和访问方法，再定义一个 volume()用来求盒子的体积。用 BoxDemo 程序创建一个 Box 对象，测试这些方法的使用。

（3）修改 Box 类，为该类定义一个带有三个 double 型参数的构造方法。假设该构造方法的声明格式为 Box(double length, double width, double height){ }，方法体应如何编写。然后在 BoxDemo 程序中创建一个长、宽、高分别为 10、20、15 的 Box 对象，输出该对象的体积。如果再用 new Box()创建一个对象会怎样，为什么？

实验题目 3：定义一个名为 Point 的类来模拟一个点，一个点可用 x 和 y 坐标描述。在定义的类中编写一个 main()，完成下面操作。

（1）声明两个 Point 变量，start 和 end，将 start 点的坐标设置为（10,10），将 end 点的坐标设置为（20,30）。

（2）使用输出语句分别打印 start 和 end 对象的 x 和 y 值，代码如下：

```
System.out.println("start.x="+start.x +", strat.y=" + start.y);
System.out.println("end.x="+end.x +", end.y=" + end.y);
```

（3）声明一个 Point 类型的名为 stray 的变量，将变量 end 的引用值赋予 stray，然后打印 end 和 stray 变量的成员 x 和 y 的值。

（4）为 stray 变量的成员 x 和 y 指定新的值，然后打印 end 和 stray 的成员的值。end 的值反映了 stray 内的变化，表明两个变量都引用了同一个 Point 对象。

（5）为 start 变量的成员 x 和 y 指定新的值，打印 start 和 end 的成员值。再次编译并运行 Point 类，start 的值仍然独立于 stray 和 end 的值，表明 start 变量仍然在引用一个 Point 对象，而这个对象与 stray 和 end 引用的对象是不同的。

实验题目 4：设计一个银行账户类，其中包括如下内容。

（1）账户信息：账号、姓名、开户时间、身份证号、账户余额等。

（2）存款方法。

（3）取款方法。

（4）其他方法如“查询余额”和“显示账号”等。

编写应用程序模拟存款和取款过程。

实验题目 5：编写一个名为 Input 的类，该类属于 com.tools 包。使用该类实现各种数据类型（字符型除外）数据输入，其中的方法有 readInt()、readDoube()、readString()等。在用户程序中通过调用 Input.readDouble()即可从键盘上输入 double 型数据。例如，下面程序可以读入一个 double 型数据。

```
import com.tools.Input;
public class Test{
   public static void main(String[] args){
     double d = Input.readDouble();
     System.out.println("d = "+d);
   }
}
```

提示：使用 java.util 包中的 Scanner 类实现。

【思考题】

1. 如何理解 Java 语言的类和对象的关系？
2. 如何调用对象的方法？如何为方法传递参数？
3. 构造方法有什么作用？构造方法与普通方法有什么不同？
4. 什么是包？如何定义包？如何导入包中的类？

4.3 习题解析

1. 修改下列程序的错误（每个程序只有一行错误）。

（1）
```
public class MyClass{
    public static void main(String[] args){
      String s;
      System.out.println("s = "+s);
    }
}
```
（2）
```
public class MyClass{
    int data;
    void MyClass(int d){
      data = d;
    }
}
```
（3）
```
class MyClass{
    int data = 10;
}
public class MyMain{
    public static void main(String[] args){
      System.out.println(MyClass.data);
    }
}
```
（4）
```
class MyClass{
    int data = 10;
    static int getData(){
      return data;
    }
}
```

【答】（1）String s = null。

（2）去掉 void。

（3）int data = 10; 前加 static。

（4）去掉 static 或在 int data = 10; 前加 static。

2. MyClass 定义了 methodA 方法，请填上返回值类型。

```
public class MyClass{
  ______ methodA(byte x, double y){
    return (short)x/y*2;
  }
}
```

【答】 double。

3. 有下面的类定义，与 setVar()重载的方法是（　　）。

```
public class MyClass{
    public void setVar(int a, int b, float c){}
}
```

A. private void setVar(int a, float c, int b){}
B. protected void setVar(int x, int y, float z){}
C. public int setVar(int a, float c, int b){return a;}
D. public int setVar(int a, float c){return a;}

【答】　A、C、D。

4. 选出能与 aMethod 方法重载的方法。（　　）

```
public class MyClass{
  public float aMethod(float a, float b){
  }
    // 下面哪个方法的定义可以放在该位置
}
```

A. public int aMethod(int a, int b){}
B. public float aMethod(float x, float y){}
C. public float aMethod(float a , float b, int c){}
D. public float aMethod(int a, int b, int c){}
E. public void aMethod(float a, float b){}

【答】　A、C、D。

5. 在下列类定义中，与 MyClass 方法重载的是（　　）。

```
public class MyClass{
   public MyClass (int x, int y, int z){}
}
```

A. MyClass (){}
B. protected int MyClass (){}
C. private MyClass (int z, int y, byte x){}
D. public void MyClass (byte x, byte y, byte z){}
E. public Object MyClass (int x, int y, int z){}

【答】　A、C。

6. 在下列关于实例变量、类变量、实例方法和类方法叙述中，（　　）是不正确的。
A. 实例方法可以访问实例变量和类变量
B. 类方法不能访问实例变量
C. 实例变量和类变量都可以通过类名访问

D. 类方法只能访问类变量

【答】 A。

7. 下列程序是否能正确编译和运行？为什么？

```
public class IfElse{
  public static void main(String[] args){
    if(odd(5))
      System.out.println("odd");
    else
      System.out.println("even");
  }
  public static int odd(int x){
    return x % 2;
  }
}
```

【答】 不能。odd 方法的返回值为 int，而 if 的条件表达式应该为 boolean 型。

8. 下列程序输出 j 的值是多少？

```
public class Test{
  private static int j = 0;
  public static boolean methodB(int k){
    j += k;
    return true;
  }
  public static void methodA(int i){
    boolean b;
    b = i > 10 & methodB(1);
    b = I > 10 && methodB(2);
  }
  public static void main(String args){
    methodA(0);
    System.out.println("j = "+j) ;
  }
}
```

【答】 j = 1。

9. 下列程序输出 i 的值为多少？

```
public class Test{
  static void leftshift(int i, int j){
    i <<= j;
  }
  public static void main(String[] args){
    int i = 4, j = 2;
    leftshift(i,j);
```

```
        System.out.println("i = "+ i);
    }
}
```


【答】 i = 4。

10. 下列程序输出结果是多少?

```
public class MyClass{
  private static int a = 100;
  public static void main(String[] args){
    modify(a);
    System.out.println(a);
  }
  public static void modify(int a){
    a ++;
  }
}
```

【答】 100。

11. 设有 Circle 类，执行下面语句后，(　　) 对象可以被垃圾回收器回收。

```
Circle a = new Circle();
Circle b = new Circle();
Circle c = new Circle();
a = b;
a = c;
c = null;
```

A. 原来 a 所指的对象　　B. 原来 b 所指的对象
C. 原来 b 和 c 所指的对象　　D. 原来 c 所指的对象

【答】 A。

12. 设 x，y 是 int 类型的变量，d 是 double 类型的变量，试写出完成下列操作的表达式：

① 求 x 的 y 次方。
② 求 x 和 y 的最小值。
③ 求 d 取整后的结果。
④ 求 d 的四舍五入后的结果。
⑤ 求 atan(d)的结果。

【答】 ① Math.pow(x ,y)
② Math.min(x, y)
③ Math.round(d)
④ Math.round(d)
⑤ Math.atan(d)

13. 有下列表达式：(int)(Math.random()*6)+1，试说明该表达式的功能。

【答】 返回 1～6 之间的随机整数。

14. 编程生成 1000 个 1～6 之间的随机数，统计 1～6 之间每个数出现的概率。修改程序，使之生成 1000 个随机数并统计概率，比较结果并给出结论。

参考程序如下：

```
public class RandomTest{
  public static void main(String[]args){
     int[] tj = new int[6];
     for(int i=0;i<100;i++){
        int r = (int)(Math.random()*6)+1;
        switch(r){
           case 1:tj[0]++;break;
           case 2:tj[1]++;break;
           case 3:tj[2]++;break;
           case 4:tj[3]++;break;
           case 5:tj[4]++;break;
           case 6:tj[5]++;break;
        }
     }
     for(int i=0;i<6;i++){
        System.out.println("tj["+i+"]="+tj[i]);
     }
  }
}
```

将上述程序中循环变量值改为 1000，即可生成 1000 个随机整数。从输出结果可以看到每个数出现的次数大致相同。

15. 有一个三角形的两条边长分别为 4.0 和 5.0，夹角为 30 度，编写程序计算该三角形的面积。

参考程序如下：

```
public class AreaTest{
  public static void main(String[]args){
     double area = 0;          // 存放面积变量
     double degree = 30 ;      // 存放角度变量
     area = 1 / 2.0 * 4.0 * 5.0 * Math.sin(Math.toRadians(degree));
     System.out.println("该三角形的面积为：" + area);
  }
}
```

16. 在下列哪个表达式中，可以得到 42 度的余弦值？（　　）

A. double d = Math.cos(42);

B. double d = Math.cosine(42);

C. double d = Math.cos(Math.toRadians(42));

D. double d = Math.cos(Math.toDegrees(42));

E. double d = Math.toRadians(42);

【答】 C。

17. 定义一个名为 Person 的类，其中含有一个 String 类型的成员变量 name 和一个 int 类型的成员变量 age，分别为这两个变量定义访问方法和修改方法，另外再为该类定义一个名为 speak 的方法，在其中输出其 name 和 age 的值。画出该类的 UML 图。编写程序，使用上面定义的 Person 类，实现数据的访问、修改。

参考程序如下：

```
public class Person {
   String name;
   int age;
   public void setName(String name){
     this.name = name;
   }
   public String getName(){
     return name;
   }
   public void setAge(int age){
     this.age = age;
   }
   public int getAge(){
     return age;
   }
   public void speak(){
      System.out.println("Name="+name);
      System.out.println("Age="+age);
   }
   public static void main(String[]args){
     Person p = new Person();
     p.setName("LiMing");
     p.setAge(20);
     p.speak();
     System.out.println(p.getName());
     System.out.println(p.getAge());
   }
}
```

18. 定义一个名为 Rectangle 的类表示矩形，其中含有 length、width 两个 double 型的成员变量表示矩形的长和宽。要求为每个变量定义访问方法和修改方法，定义求矩形周长的方法 perimeter()和求面积的方法 area()。定义一个带参数构造方法，通过给出的长和宽创建矩形对象。定义默认构造方法，在该方法中调用有参数构造方法，将矩形长宽都设置为

1.0。画出该类的 UML 图。编写程序测试这个矩形类的所有方法。

Rectangle 类的 UML 图如图 4-2 所示。

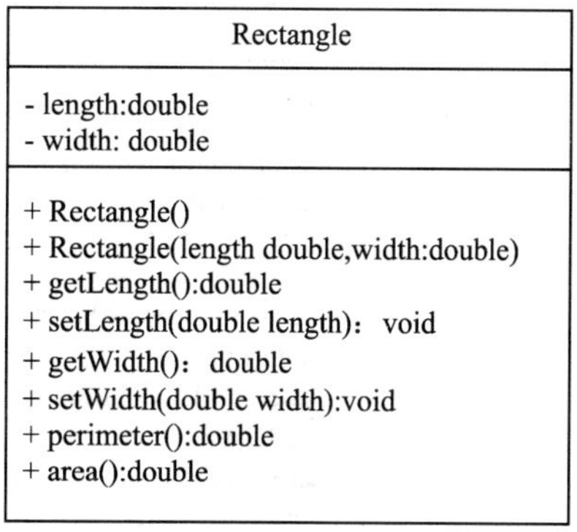

Rectangle
- length:double - width: double
+ Rectangle() + Rectangle(length double,width:double) + getLength():double + setLength(double length)：void + getWidth()：double + setWidth(double width):void + perimeter():double + area():double

图 4-2　Rectangle 类的 UML 图

参考程序如下：

```
public class Rectangle{
    double length;
    double width;
    public Rectangle(double length,double
  width){
        this.length = length;
        this.width = width;
    }
    public Rectangle(){
        this(1.0,1.0);

    }

    public void setLength(double length){
        this.length = length;
    }
    public double getLength(){
        return length;
    }
    public void setWidth(double width){
        this.width = width;
    }
    public double getWidth(){
        return width;
    }
    public double perimeter(){
        return 2*(length+width);
    }
    public double area(){
        return length*width;
    }
}
public class RectDemo{
    public static void main(String args[]){
        Rectangle rect = new Rectangle();
        rect.setLength(20);
        rect.setWidth(10);
        System.out.println("该矩形的长为："+rect.getLength());
        System.out.println("该矩形的宽为："+rect.getWidth());
        System.out.println("该矩形的周长为："+rect.perimeter());
        System.out.println("该矩形的面积为："+rect.area());
    }
}
```

19. 定义一个名为 Account 的类实现账户管理，它的 UML 图如图 4-3 所示，试编写一个应用程序测试 Account 类的使用。

Account	
- id:int	账户的 id
- balance: double	账户的余额
- annulInterestRate:double	存款的年利率
- dateCreated:Date	账户创建日期
+ Account()	默认构造方法
+ Account(id:double,balance:double)	带参数构造方法
+ getId():int	返回 id 的方法
+ setId(int id)：void	修改 id 的方法
+ getBalance()：double	返回 balance 的方法
+ setBalance(double balance):void	修改 balance 的方法
+ getAnnualInterestRate():double	返回 annualInterestRate 的方法
+ setAnnualInterestRate(annualInterestRate:double):void	修改 annualInterestRate 的方法
+ getDateCreated():Date	返回账户创建日期的方法
+ getMonthlyInterestRate():double	返回月利率的方法
+ withdraw(amount:double):void	取款的方法
+ deposit(amount:double):void	存款的方法

图 4-3　Account 类的 UML 图

参考程序如下：

```
import java.util.Date;

public class Account {
   private int id;
   private double  balance;
   private double annulInterestRate;
   private Date dateCreated;
   public Account() {
      super();
   }
   public Account(int id, double balance) {
      super();
      this.id = id;
      this.balance = balance;
      dateCreated = new Date();
   }
  public int getId() {
      return id;
  }
  public void setId(int id) {
      this.id = id;
  }
  public double getBalance() {
      return balance;
  }
```

```
    public void setBalance(double balance) {
       this.balance = balance;
    }
    public double getAnnulInterestRate() {
       return annulInterestRate;
    }
    public void setAnnulInterestRate(double annulInterestRate) {
       this.annulInterestRate = annulInterestRate;
    }
    public Date getDateCreated() {
       return dateCreated;
    }

    public void withdraw(double amount){
        balance = balance-amount;
    }
    public void deposit(double amount){
        balance = balance+amount;
    }

    public static void main(String[]args){
        Account myAccount = new Account(101,1000.00);
        myAccount.deposit(100);
        myAccount.withdraw(200);
        System.out.println("The balance = "+ myAccount.getBalance());
    }
}
```

20. 定义一个 Triangle 类表示三角形，其中包括三个 double 型变量 a、b、c 表示三条边长。为该类定义两个构造方法：默认构造方法设置三角形的三条边长都为 0.0；带三个参数的构造方法通过传递三个参数创建三角形对象。定义求三角形面积的方法 area()，面积计算公式为 area=Math.sqrt(s*(s-a)*(s-b)*(s-c))，其中 s=(a+b+c)/2。编写另一个程序测试这个三角形类的所有方法。

参考程序如下：

```
public class Triangle{
   double a,b,c;
   public Triangle(){
     this.a = 0; this.b = 0; this.c = 0;
   }
   public Triangle(double a, double b, double c){
     this.a = a; this.b = b; this.c = c;
   }
   public double area(){
     double s = (a + b + c) / 2.0;
     return Math.sqrt(s * (s-a) * (s-b) * (s-c));
   }
   public static void main(String[] args){
```

```
        Triangle ta = new Triangle(3, 4, 5);
        System.out.println(ta.area());
    }
}
```


21. 编写一个名为 Input 的类，该类属于 com.tools 包。使用该类实现各种数据类型（字符型除外）数据输入，其中的方法有 readInt()、readDoube()、readString()等。在用户程序中通过调用 Input.readDouble()即可从键盘上输入 double 型数据。例如，下列程序可以读入一个 double 型数据：

```
import com.tools.Input;
public class Test{
  public static void main(String[] args){
    double d = Input.readDouble();
    System.out.println("d = "+d);
  }
}
```

提示：使用 java.util 包中的 Scanner 类实现。

参考程序如下：

```
import java.util.Scanner;
public class Input{
   static Scanner sc = new Scanner(System.in);
   public static byte readByte(){
      System.out.print("Please input a byte value:");
      return sc.nextByte();
   }
   public static short readShort(){
      System.out.print("Please input a short value:");
      return sc.nextShort();
   }
   public static int readInt(){
      System.out.print("Please input a int value:");
      return sc.nextInt();
   }
   public static long readLong(){
      System.out.print("Please input a long value:");
      return sc.nextLong();
   }
   public static float readFloat(){
      System.out.print("Please input a float value:");
      return sc.nextFloat();
   }
   public static double readDouble(){
      System.out.print("Please input a double value:");
      return sc.nextDouble();
   }
   public static boolean readBoolean(){
      System.out.print("Please input a boolean value:");
```

```
      return sc.nextBoolean();
   }
   public static void main(String args[]){
      double d = Input.readDouble();
      System.out.println("d = " + d);
   }}
```

22. 定义一个名为 ComplexNumber 类实现复数概念及其运算，它的 UML 图如图 4-4 所示，试编写一个应用程序测试 ComplexNubmer 类的使用。

ComplexNumber	
- realPart: double	复数的实部
- imaginaryPart: double	复数的虚部
+ ComplexNumber()	默认构造方法
+ ComplexNumber(r: double，i: double)	带参数构造方法
+ getRealPart():double	返回复数对象的实部
+ setRealPart(double d)：void	用给定的参数值修改复数对象的实部
+ getImaginaryPart()：double	返回复数对象的虚部
+ setImaginaryPart(double d):void	用给定的参数值修改复数对象的虚部
+ complexAdd(ComplexNumber cn)：ComplexNumber	复数对象与复数对象相加
+ complexAdd(double c): ComplexNumber	复数对象与实数 c 相加
+ complexMinus(ComplexNumber cn)：ComplexNumber	复数对象与复数对象相减
+ complexMinus(double c): ComplexNumber	复数对象与实数 c 相减
+ complexMulti(ComplexNumber cn)：ComplexNumber	复数对象与复数对象相乘
+ complexMulti(double c): ComplexNumber	复数对象与实数 c 相乘
+ toString()：String	以 a+bi 的形式显示复数

图 4-4　ComplexNubmer 类的 UML 图

参考程序如下：

```
public class ComplexNumber{
   private double realPart;
   private double imaginaryPart;
   public ComplexNumber(){      // 默认构造方法
   }
   public ComplexNumber(double r,double i){
      this.realPart = r;
      this.imaginaryPart = i;
   }
   public double getRealPart(){
      return realPart;
   }
   public double getImaginaryPart(){
      return imaginaryPart;
   }
   public void setRealPart(double d){
      this.realPart=d;
   }
   public void setImaginaryPart(double d){
```

```
      this.imaginaryPart=d;
   }
   public ComplexNumber complexAdd(ComplexNumber c){
      ComplexNumber temp=new ComplexNumber(0.0,0.0);
      temp.setRealPart(this.getRealPart()+c.getRealPart());
      temp.setImaginaryPart(this.getImaginaryPart()+
          c.getImaginaryPart());
      return temp;
   }
   public ComplexNumber complexMinus(ComplexNumber c){
      ComplexNumber temp=new ComplexNumber(0.0,0.0);
      temp.setRealPart(this.getRealPart()-c.getRealPart());
      temp.setImaginaryPart(this.getImaginaryPart()-
          c.getImaginaryPart());
      return temp;
   }
   public ComplexNumber complexMulti(ComplexNumber c){
      ComplexNumber temp=new ComplexNumber(0.0,0.0);
      temp.setRealPart(this.getRealPart()*c.getRealPart()+
           this.getImaginaryPart()*c.getImaginaryPart());
      temp.setImaginaryPart(this.getImaginaryPart()*c.getRealPart()+
           this.getRealPart()*c.getImaginaryPart());
      return temp;
   }
   public String toString(){
      if(realPart==0.0)
         return imaginaryPart+"i";
      if(imaginaryPart==0.0)
         return realPart+"";
      if(imaginaryPart<0.0)
         return realPart+""+imaginaryPart+"i";
      else
         return realPart+"+"+imaginaryPart+"i";
   }
}
```

第5章　数组及应用

5.1　本章要点

数组是一种特殊的 Java 对象，每当创建一个数组时，编译器都会在后台创建一个对象，通过数组对象，可以访问数组的每个元素，下标从 0 开始。使用数组对象的 length 成员访问数组的大小。数组创建后，其大小不能改变。

要使用数组，首先必须声明数组。声明数组，编译器只是创建一个对象引用。创建数组的方法之一是使用 new 关键字，这样编译器才为数组分配空间并用默认值初始化数组的每个元素。

```
double[] salary;                 // 声明一个元素类型为 double 的数组
salary = new double[5];          // 创建有 5 个元素的数组，每个元素的默认值是 0.0
salary[2] = 4500.00;             // 为下标是 2 的元素赋值
```

上述代码执行后的内存效果如图 5-1 所示。

数组的元素可以是对象，这称为对象数组。对象数组也需要声明、创建，其元素的使用与基本类型的数组相同。下面语句创建一个对象数组：

```
Employee[] employee;             // 声明一个 Employee 的数组
employee = new Employee[4];      // 创建有 4 个元素的数组，每个元素默认值为 null
employee[2] = new Employee();    // 为下标是 2 的元素赋值
```

上述代码执行后的内存效果如图 5-2 所示。

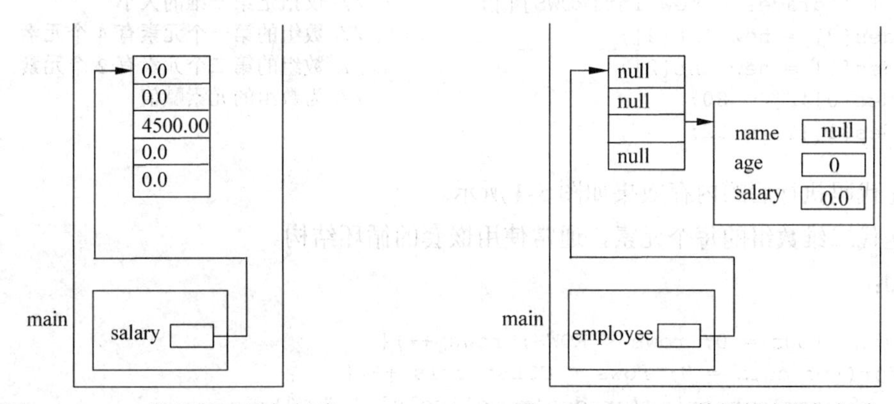

图 5-1　salary 数组的声明与创建　　图 5-2　employee 数组的声明与创建

在引用一个数组元素时，下标不能超出范围（如访问 employee[4]），否则会产生运行时异常 java.lang.ArrayIndexOutOfBoundsException。

不使用 new 关键字也可以创建并初始化数组。Java 允许将值放到一对大括号中，从而形成一个数组。

例如：

```
double[] salary = {3480.00, 2500.00,4500.00,8000, 3600};
```

该数组的大小根据提供的值的个数确定，这里为 5。

迭代数组元素。在 Java 5 之前，迭代数组元素只有一种方法，即使用 for 循环。下面代码输出 salary 数组的每个元素值。

```
for(int i = 0; i < salary.length; i++){
   System.out.println(salary[i]);
}
```

Java 5 提供了一种增强的 for 循环，它不用使用下标可迭代数组每个元素。

```
for(double sal : salary){                      // 对 salary 的每个元素用 sal 引用
   System.out.println(sal);
}
```

多维数组。Java 语言的多维数组是数组的数组，即数组的元素也是数组。多维数组的使用也需要声明、创建和初始化。

```
static final int ROWS = 2;
static final int COLS = 3;
int [][]grades = new int[ROWS][COLS];     // 声明并创建一个二维数组
grades[0][0] = 85;                        // 为数组的元素赋值
grades[1][1] = 90;
```

上述代码执行后的内存效果如图 5-3 所示。

二维数组可以是不规则的，即数组的第二维的元素个数不同，例如：

```
int [][]grades = new int[ROWS][];         // 仅指定第一维的大小
grades[0] = new int[4];                   // 数组的第一个元素有 4 个元素
grades[1] = new int[2];                   // 数组的第二个元素有 2 个元素
grades[0][2] = 80;                        // 为数组的元素赋值
grades[1][1] = 92;
```

上述代码执行后的内存效果如图 5-4 所示。

要迭代二维数组的每个元素，通常使用嵌套的循环结构。

例如：

```
for(int rows = 0; rows < ROWS; rows ++){
   for(int cols = 0; rows < COLS; cols ++){
      System.out.print(grades[rows][cols] + "  ");
```

```
    }
    System.out.println();
}
```

迭代二维数组元素也可以使用增强的 for 循环。

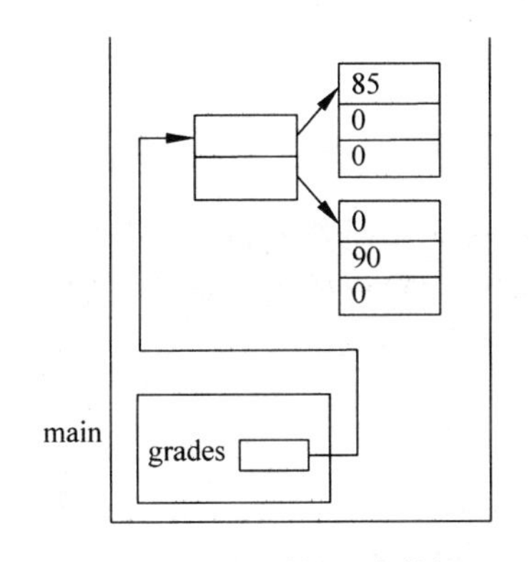

图 5-3　规则的二维数组

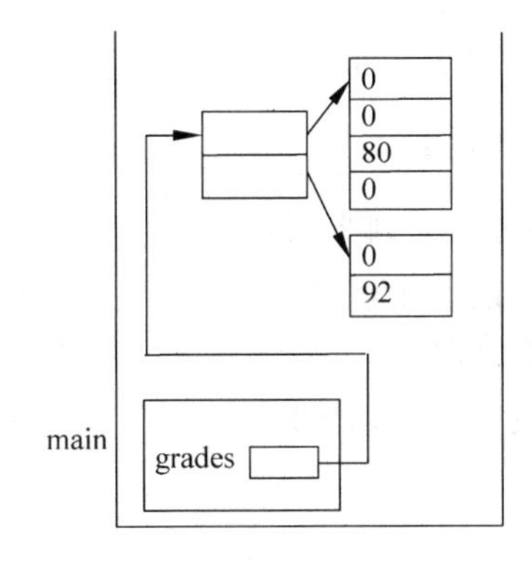

图 5-4　不规则的二维数组

数组的比较。可以对两个元素类型相同的数组进行比较。比较的方法可以一个元素一个元素比较。如果使用“==”运算符或 equals()比较两个数组，比较的是两个数组的引用是否相等。

数组的拷贝。如果要将一个数组的全部或部分元素拷贝到另一个数组，不能使用“=”运算符，但可以一个元素一个元素拷贝。还可以使用 System.arraycopy 方法将一个数组的全部或部分元素拷贝到另一个数组中。使用 Arrays.copyOf 方法和 Arrays.copyOfRange 方法也可以拷贝数组。

可以将数组对象作为参数传递给方法，方法的返回值也可以是数组。另外，可以定义可变长度参数的方法，然后为方法传递一个数组。

下面是一个参数长度可变的方法，用于求若干整数之和。

```
public int total(int … array){          // 可变长度参数
   int sum = 0;
   for(int number:array){               // 在方法内，array 参数应作为数组使用
       sum = sum + number;
   }
   return sum;
}
```

对上述方法，使用时可传递任意数量的整型参数：

```
int result = total(30,15,22,80,100);  // result 结果为 247
```

可以编写代码对数组元素排序或从数组中查找某元素，但还可以直接使用 Arrays 类的 sort 方法为数组排序，使用 binarySearch 方法从已排序的数组中查找元素。

5.2 实 验 指 导

【实验目的】

1. 掌握 Java 数组的声明、初始化以及使用方法。
2. 掌握多维数组和不规则数组的使用。

【实验内容】

实验题目 1：编写程序，接受用户从键盘上输入的 3 个整数并保存在数组中，求数组中的最大、最小元素值及各元素的和与平均值。在程序中输出数组下标是 3 的元素，看看会出现什么情况。

实验题目 2：编程求下面两个矩阵的加法。

$$\begin{pmatrix} 5 & 7 & 8 \\ 2 & -2 & 4 \\ 1 & 1 & 1 \end{pmatrix} + \begin{pmatrix} 4 & -2 & 3 \\ 3 & 9 & 4 \\ 8 & -1 & 2 \end{pmatrix}$$

实验题目 3：编程打印输出 Fibonacci 数列的前 20 个数，要求用数组元素存储每个数。Fibonacci 数列是第一和第二个数都是 1，以后每个数是前两个数之和，用公式表示为 $f_1 = f_2 = 1, f_n = f_{n-1} + f_{n-2} (n \geqslant 3)$。

实验题目 4：编写一个通用的整型数组操作类 IntArray，其中包括如下方法：数组元素的初始化方法 initElem()，输出数组元素方法 printElem()，求数组最大值方法 maxElem()，求数组最小值方法 minElem()，数组元素求和方法 sumElem()，数组元素求平均值方法 avgElem()，编程使用该类完成数组的相关操作。

实验题目 5：对象数组的应用。

（1）创建一个学生类 Student，这个类包括学生的姓名（name:String）、学号（id:int）和年级（grade:int），年级值用 1、2、3 和 4 表示大学生的 4 个年级。

（2）创建 5 个学生对象，将其放入 Student 类型的数组中。

（3）遍历数组找出所有三年级的学生并打印出他们的姓名和学号。

【思考题】

1. 如何理解 Java 的数组是引用类型？
2. 如何理解 Java 的二维数组是数组的数组？

5.3 习 题 解 析

1. 下面对数组的声明和初始化（　　）是正确的。

A. int arr[];　　　　B. int arr[5];

C. int arr[5] = {1,2,3,4,5};　　　　D. int arr[] = {1,2,3,4,5};

【答】 A、D。

2. 下列程序的输出结果为（　　）。

```
int []x[]={{1,2},{3,4,5},{6,7,8,9}};
int[][]y = x;
System.out.println(y[2][1]);
```

A. 3　　　　B. 4

C. 6　　　　D. 7

【答】　D。

3. 下列对数组的声明和初始化中哪些是正确的？（　　）

A. int[] j = new int[2]{5,10};　　　　B. int j[5] = {1,2,3,4,5};

C. int j[] = {1,2,3,4,5};　　　　D. int j[][] = new int[10][];

E. 声明 int[] j, k[]；与 int j[], k[][]是等价的

【答】　C、D、E。

4. 下列程序段的运行结果为（　　）。

```
int index = 1;
int foo[] = new int[3];
int bar = foo[index];
int baz = bar + index;
```

A. baz 的值为 0　　　　B. baz 的值为 1

C. baz 的值为 2　　　　D. 抛出一个异常

E. 代码不能编译

【答】　B。

5. 哪两个语句声明了能存放 10 个整型数的数组？（　　）

A. int[] foo;　　　　B. int foo[];

C. int foo[10];　　　　D. Object[] foo;

E. Object foo[10];

【答】　A、B。

6. 有下列程序段：

```
byte [] array1, array2[]
byte array3[][]
byte[][] array4
```

如果数组元素都已初始化，下面哪个语句会产生编译错误？（　　）

A. array2 = array1　　　　B. array2 = array3　　　　C. array2 = array4

【答】　A。因为 array1 是一维数组，其他是二维数组。

7. 写出下列程序的输出结果。

```
public class ArrayTest{
  public static void main(String[] args){
    float f1[],f2[];
    f1 = new float[10];
    f2 = f1;
    System.out.println("f2[0] = "+f2[0]);
  }
}
```

【答】 f 2[0] = 0.0。

8. 写出下列程序的运行结果。

```
public class ArrayDemo{
  public static void main(String[] args){
    int[] a = new int[1];
    modify(a);
    System.out.println("a[0] = "+a[0]);
  }
  public static void modify(int[] a){
    a[0]++;
  }
}
```

【答】 a[0]=1。

9. 写出下列程序的运行结果。

```
public class ArrayDemo{
  public static void main(String[] args){
    int[] array = {1,2,3,4,5};
    printArray(array);
    modify(array);
    printArray(array);
  }
  static void modify(int[] a){
    for(int i = 0; i<a.length; i++)
      a[i] = a[i]*i;
  }
  static void printArray(int[] a){
    for(int i = 0; i<a.length; i++)
      System.out.print(a[i]+"\t");
    System.out.println();
  }
}
```

【答】

```
1  2  3  4  5
0  2  6  12  20
```

10. 写出下列程序的运行结果。

```
public class ArrayDemo{
  public static void main(String[] args){
    int[] array = {1,2,3,4,5};
    printArray(array);
    for(int i = 0; i<array.length; i++)
      modify(array[i], i);
    printArray(array);
  }
  static void modify(int a, int i){
     a = a * i;
  }
  static void printArray(int[] a){
     for(int i = 0; i<a.length; i++)
        System.out.print(a[i]+"\t");
     System.out.println();
  }
}
```

【答】

```
1  2  3  4  5
1  2  3  4  5
```

11. 写出下列程序的运行结果。

```
public class ArrayTest{
  public static void main(String[] args){
    int a[][] = new int[4][];
    a[0] = new int[1];
    a[1] = new int[2];
    a[2] = new int[3];
    a[3] = new int[4];
    int i, j, k = 0;
    for(i = 0; i<4; i++)
      for(j = 0; j<i+1; j++){
        a[i][j] = k;
        k++;
      }
    for(i = 0; i<4; i++){
      for(j = 0; j<i+1; j++)
        System.out.print(a[i][j]+" ");
      System.out.println();
    }
  }
}
```

【答】

```
0
1  2
3  4  5
6  7  8  9
```

12. 给出下面程序的运行结果。

```
public class VarargsDemo{
    public static void main(String[] args){
        System.out.println(largest(12,-12,45,4,345,23,49));
        System.out.println(largest(-43,-12,-705,-48,-3));
    }
    private static int largest(int … numbers){
        int currentLargest = numbers[0];
        for(int number:numbers){
            if(number > currentLargest){
                currentLargest = number;
            }
        }
        return currentLargest;
    }
}
```

【答】

```
345
-3
```

13. 编程求一个整型数组中所有元素的和、最大值、最小值及平均值。

参考程序如下：

```
public class IntArray{
    public static void main(String[]args){
        int[] a={15,56,20,-2,10,80,-9,33,76,-3,99,21};
        int sum,max,min;
        double avg;
        sum=max=min=a[0];

        for(int i=1;i<a.length;i++){
            sum=sum+a[i];
            if(a[i]>=max)
                max=a[i];
            if(a[i]<=min)
                min=a[i];
        }
        avg=((double)sum)/a.length;
        System.out.println("max="+max);
        System.out.println("min="+min);
        System.out.println("sum="+sum);
        System.out.println("avg="+avg);
    }
}
```

14. 编程产生 100 个 1～6 之间的随机数，统计每个数出现的概率。修改程序，使之产生 1000 个 1～6 之间的随机数，并统计每个数出现的概率。比较不同的结果并给出结论。

参考程序如下：

```
public class RandomTest{
   public static void main(String[]args){
      int[] rand=new int[6];
      for(int i=0;i<1000;i++){
        int r=(int)(Math.random()*6)+1;
        switch(r){
           case 1: rand[0]++;break;
           case 2: rand[1]++;break;
           case 3: rand[2]++;break;
           case 4: rand[3]++;break;
           case 5: rand[4]++;break;
           case 6: rand[5]++;break;
        }
      }

      for(int i=0;i<rand.length;i++)
         System.out.println("rand["+i+"]="+rand[i]);
   }
}
```

15. 从键盘上输入 10 个整数，并存放到一个数组中，然后将其前 5 个元素与后 5 个元素对换，即第 1 个元素与第 10 个元素互换，第 2 个元素与第 9 个元素互换，…，第 5 个元素与第 6 个元素互换。分别输出数组原来各元素的值和互换后各元素的值。

参考程序如下：

```
import java.util.Scanner;
public class ArrayChange{
   public static void main(String args[]){
      int[] intArray = new int[10];
      Scanner sc = new Scanner(System.in);
      for(int i = 0; i < intArray.length; i++){
         System.out.print("请输入第"+(i+1)+"个数：");
         intArray[i] = sc.nextInt();
      }
      for(int i : intArray){
         System.out.print("  " + i);
      }
      System.out.println();
      for (int i = 0 ; i < intArray.length/2; i++){
         int temp = intArray[i];
         intArray[i] = intArray[intArray.length - 1 - i];
         intArray[intArray.length - 1 - i] = temp;
      }
      for(int i : intArray){
         System.out.print("  " + i);
      }
   }
}
```

16. 编程打印输出 Fibonacci 数列的前 20 个数。Fibonacci 数列是第一和第二个数都是 1，以后每个数是前两个数之和，用公式表示为 $f_1 = f_2 = 1, f_n = f_{n-1} + f_{n-2}\ (n \geqslant 3)$。

参考程序如下：

```
public class Fibonacci{
   public static void main(String args[]){
      int[] f = new int[20];
      f[0]=f[1]=1;
      for(int i = 2;i < f.length; i++)
         f[i] = f[i-1]+f[i-2];

      for(int i = 0;i < f.length;i++)
         System.out.println("f["+i+"] = "+f[i]);
   }
}
```

17. 编写一程序，使用筛选法求出 2～100 之间的所有素数。筛选法是在 2～100 的数中先去掉 2 的倍数，再去掉 3 的倍数……依此类推，最后剩下的数就是素数。注意 2 是最小的素数，不能去掉。

参考程序如下：

```
public class PrimeNumber{
   public static void main(String args[]){
      int n[]=new int[100];
      for(int j=0;j<n.length;j++){
         n[j]=j;
      }

      for(int i=2;i<n.length;i++){
         for(int j=0;j<100;j++)
            if(n[j]%i==0){
               if(j==i) continue;
               else
                  n[j]=0;
            }
      }
    for(int i = 2;i < n.length;i++){
       if(n[i]!=0)
          System.out.print("  "+n[i]);
    }
  }
}
```

18. 有下面两个矩阵 A 和 B：

$$A=\begin{pmatrix}1 & 3 & 5\\ -3 & 6 & 0\\ 13 & -5 & 7\\ -2 & 19 & 25\end{pmatrix} \qquad B=\begin{pmatrix}0 & 1 & -2\\ 7 & -1 & 6\\ -6 & 13 & 2\\ 12 & -8 & -13\end{pmatrix}$$

编程计算：（1）A＋B。（2）A－B。

参考程序如下：

```
public class MatrixDemo{
   public static void printArray(int [][]array ){
     for(int i = 0; i < array.length;i++){
        for(int j = 0; j < array[i].length;j++){
            System.out.print(array[i][j] + "  ");
        }
        System.out.println();
     }
     System.out.println();
    }

    public static void main(String args[]){
      int[][] a = {{1,3,5},{-3,6,0},{13,-5,7},{-2,19,25}};
      int[][] b = {{0,-1,-2},{7,-1,6},{-6,13,2},{12,-8,-13}};
      int[][] sum = new int[4][3];
      int[][] minus = new int[4][3];

      for(int i = 0;i < a.length; i++){
         for(int j = 0; j < a[i].length;j++){
            sum[i][j] = a[i][j] + b[i][j];
            minus[i][j] = a[i][j] - b[i][j];
         }
      }
      printArray(sum);
      printArray(minus);
    }
}
```

19. 编程求解约瑟夫（Josephus）问题：有 12 个人排成一圈，从 1 号开始报数，凡是数到 5 的人就离开，然后继续报数，试问最后剩下的一人是谁？

参考程序如下：

```
public class Josephus{
  public static void main(String args[]){
    int p[]=new int[13];
    for(int j=0;j<p.length;j++){
        p[j]=j;
    }
    int n = 0;
    int k = 0;
```

```
        while(true){
          for(int i=1;i<p.length;i++){
             if(p[i]!=0){
                 n = n + 1;
                 if(n % 5 == 0){
                   p[i] = 0;
                   System.out.println("p["+i+"] is deleted.");
                   k = k + 1;
                 }
             }
          }
          if(k==11) break;
        }
        for(int i=0;i<p.length;i++)
          if(p[i]!=0)
            System.out.println("The last one is:"+p[i]);
    }
  }
```

20. 编写程序，提示用户从键盘输入一个正整数，然后以降序的顺序输出该数的所有最小因子。例如，如果输入的整数为 120，应显示的最小因子为 5，3，2，2，2。请使用 StackOfInteger 类存储这些因子（如 2，2，2，3，5）然后以降序检索和显示它们。

参考程序如下：

```
import java.util.Scanner;

public class UseOfStack {
   public static void main(String[]args){
      Scanner input = new Scanner(System.in);
      System.out.print("请输入一个整数：");
      int value = input.nextInt();
      // StackOfInteger 是程序 5.5 定义的类
      StackOfIntegers intStack = new StackOfIntegers();
       do{
         for(int k=2;k<=value;k++){
            if(value%k==0){
              intStack.push(k);
              value = value / k;
              break;
            }
         }
       }while(value!=1);

      while(!intStack.empty()){
        System.out.print(intStack.pop() + "  ");
      }
   }
}
```

21. 编写一个名为 MyInteger 的类，该类的 UML 图如图 5-5 所示。

MyInteger	
value:int	私有成员 value
+ MyInteger (int)	带参数构造方法
+ getValue():int	返回 value 成员值
+ isEven():boolean	返回 value 是否是偶数
+ isOdd():boolean	返回 value 是否是奇数
+ isPrime():boolean	返回 value 是否是素数
+ isEven(int):boolean	返回参数整数是否是偶数
+ isOdd(int):boolean	返回参数整数是否是奇数
+ isPrime(int):boolean	返回参数整数是否是素数
+ isEven(MyInteger):boolean	返回参数整数对象是否是偶数
+ isOdd(MyInteger):boolean	返回参数整数对象是否是奇数
+ isPrime(MyInteger):boolean	返回参数整数对象是否是素数
+ equals(int):boolean	比较当前对象整数与参数整数
+ equals(MyInteger):boolean	比较当前对象整数与参数整数对象
+ parseInt(char[]):int	将参数字符数组转换为整数
+ parseInt(String):int	将参数字符串转换为整数

图 5-5　MyInteger 类的 UML 图

提示：在 UML 类图中，静态成员使用下划线进行标识。

参考程序如下：

```
public class MyInteger {
   private int value;
   public MyInteger(int value){
     this.value = value;
   }
   public int getValue(){
       return value;
   }
   public boolean isEven(){
       return value%2==0?true:false;
   }
   public boolean isOdd(){
     return value%2==1?true:false;
   }
   public boolean isPrime(){
     for(int divisor=2;divisor<value/2;divisor++){
       if(value%divisor==0)
          return false;    // value 不是素数
     }
     return true;          // value 是素数
   }

   public static boolean isEven(int value){
      return value%2==0?true:false;
```

```
    }
    public static boolean isOdd(int value){
       return value%2==1?true:false;
    }
    public static boolean isPrime(int value){
       for(int divisor=2;divisor<value/2;divisor++){
           if(value%divisor==0)
               return false;     // value 不是素数
       }
       return true;              // value 是素数
    }

    public static boolean isEven(MyInteger myint){
      int value = myint.getValue();
      return value%2==0?true:false;
    }
    public static boolean isOdd(MyInteger myint){
      int value = myint.getValue();
      return value%2==1?true:false;
    }
    public static boolean isPrime(MyInteger myint){
       int value = myint.getValue();
       for(int divisor=2;divisor<value/2;divisor++){
           if(value%divisor==0)
               return false;     // value 不是素数
        }
        return true;             // value 是素数
    }

    public boolean equals(int value){
       return this.value==value;
    }
    public boolean equals(MyInteger myint){
       return this.value==myint.getValue();
    }

    public static int parseInt(char[] c){
       int result = 0;
       int scale = 1;
       for(int i = c.length-1;i>=0;i--){
          int d = c[i]-'0';
          result = result + d * scale;
          scale = scale * 10;
       }
       return result;
    }

    public static int parseInt(String s){
```

```
        int result = 0;
        int scale = 1;
        for(int i = s.length()-1;i >= 0;i--){
            int d = s.charAt(i)-'0';
            result = result + d * scale;
            scale = scale * 10;
        }
        return result;
    }

    public static void main(String[]args){
        MyInteger myint = new MyInteger(7);
        System.out.println(myint.isEven());
        System.out.println(myint.isOdd());
        System.out.println(myint.isPrime());
        char []c = {'3','1','4'};
        System.out.println(MyInteger.parseInt(c)+1);
        System.out.println(MyInteger.parseInt("9988123")+1);
    }
}
```

第6章 字符串及应用

6.1 本章要点

字符串是字符的序列，是许多程序设计语言的基本数据结构，在 Java 语言中通过字符串类实现。在计算机领域，一种十分流行的字符集是 ISO-8859-1（即 Latin-1），它的每个字符用 8 个二进制位表示。该字符集不能表示世界所有语言的字符，因此 Java 使用一种叫 Unicode 的字符集，它是由 Unicode Consortium 开发的，该字符集试图将全世界所有语言字符都囊括到一个字符集中。Unicode 使用 16 位表示一个字符，这样就可以表示 65 536 个字符。

Java 语言提供了 String、StringBuilder 和 StringBuffer 三个字符串类，这三种字符串类都是 16 位的 Unicode 字符序列，并且这三个类都被声明为 final，因此不能被继承。这三个类各有不同的特点，应用于不同场合。

String 类是不变字符串，如果一个字符串创建之后不需要改变，应该使用 String 对象。StringBuffer 和 StringBuilder 都是可变字符串，后者是 Java 5 增加的内容。两者的区别是：StringBuffer 的方法都是同步的（synchronized），该类适用于多线程的环境。StringBuilder 类是 StringBuffer 类的非同步版本，如果不需要同步，最好使用 StringBuilder。关于同步的概念请参阅主教材的第 13 章。

可以使用字符串字面量创建 String 对象。

例如：

```
String s1 = "Java is cool";
```

在字符串字面量中可以使用转义字符。

例如：

```
String s = "\"Hello,World!\"";     // 这里，"\"" 表示双引号字符
System.out.println(s.length());   // 输出结果为 14
```

也可以使用 String 类的构造方法创建 String 对象。String 类定义了多个构造方法，可以使用字节或字符数组创建 String 对象，也可以使用字符串字面量创建 String 对象。

例如：

```
String s2 =new String( "Java is cool");
```

但使用 new 运算符与直接使用字符串字面量创建字符串对象是不同的。使用 new 关键字，JVM 总是创建一个新的实例。使用字面量创建 String 对象，其字符串来自内存池，因

此下面代码输出 false。

```
System.out.println(s1==s2);
```

这里，“==”用来比较两个字符串引用是否相同。如果要比较两个字符串的内容，应该使用 equals 方法。

例如：

```
String s1 = "Java";
if(s1.equals("Java"))   // 返回 true
```

在 s1.equals("Java")表达式中，如果 s1 为 null，将产生 NullPointerException 运行时异常。为了安全起见，应确保 s1 不是 null。因此需要首先检查 s1 引用变量是否是 null:

```
if(s1 !=null && s1.equals("Java"))
```

如果 s1 为 null，if 语句就会返 false，并且不再计算第二个表达式，因为&&为短路运算符。

可以使用下面的表达式判断字符串内容是否相同：

```
if("Java".equals(s1))
```

在"Java".equals(s1)表达式中，JVM 会创建或从内存池中取得一个包含“Java”的 String 对象，并调用它的 equals 方法，因为“Java”显然不是 null，所以如果 s1 为 null，这个表达式返回 false，而不会抛出 NullPointerException 空指针异常。

字符串与数值之间转换。将数值转换成字符串可使用 String 类的 valueOf 静态方法。

例如：

```
String s1 = String.valueOf(304);
String s2 = String.valueOf(778.204);
```

如果要将字符串转换成数值，可使用基本类型包装类的相应方法。

例如：

```
int num1 = Integer.parseInt("540");
double num2 = Double.parseDouble("3.0654");
```

命令行参数是在 Java 应用程序执行时传递给 main()的参数，该参数是字符串数组，它通过命令行传递。

```
public class CommandLineDemo{
   public static void main(String[]args){
      System.out.println("The command line has "+args.length+" arguments.");
      for(int i =0; i < args.length; i++){
         System.out.println("args["+i+"]=" + args[i]);
      }
   }
}
```

使用下面命令执行该程序：

```
D:\study>java CommandLineDemo hello 123 world
```

输出结果为：

```
The command line has 3 arguments.
hello
123
world
```

StringBuffer 和 StringBuilder 是可变字符串，在这两个类中定义了相同的修改字符串的方法。例如，setCharAt()修改指定位置的字符，deleteCharAt()删除指定位置的字符，append()在当前的字符串的末尾添加一个字符串，insert()在当前字符串的指定位置插入一个字符串，delete()删除指定区间的字符，replace()用字符串替换指定位置的字符。所有这些方法都是在原来的字符串上操作。

Java 语言通过 Pattern 和 Matcher 类提供了强大的模式匹配的功能。

6.2 实 验 指 导

【实验目的】

1. 掌握 String 类和 StringBuilder 类的使用。
2. 理解 String 类的不变性和 StringBuilder 类的可变性。
3. 了解 StringBuffer 类和 StringBuilder 类的区别。
4. 掌握 Java 命令行参数的使用。

【实验内容】

实验题目 1：编写程序，实现简单的加密功能：从键盘上输入一个英文字符串（明文），程序运行将该字符串加密后输出（密文），加密规则为，字符串中的每个字母都用它后面的第 5 个字母代替，其他字符不变，如 A 用 F 代替，a 用 f 代替，对字母表后面的字母，V 用 A 代替、Z 用 E 代替。

实验题目 2：编写解密程序，对以上述方法加密的密文解密。

实验题目 3：编写一个方法，将十进制数转换为二进制数的字符串，方法签名如下：

```
public static String toBinary(int value)
```

实验题目 4：输入下面程序，然后从命令行执行该程序。

```
public class CommandLineDemo{
  public static void main(String [] args){
     System.out.println("The command line has "+
                args.length + " arguments");
     for(int i =0;i < args.length ;i ++){
        System.out.println("argument number "+ i +
```

```
                ":"+ args[i]);
        }
    }
}
```

若使用下列命令执行程序，程序输出结果如何？

```
java CommandLineDemo  /D  1024  /f  test.dat
```

【思考题】

1. 如何理解 String 对象是不变字符串，StringBuilder 对象是可变字符串？
2. String 类和 StringBuilder 类对象的区别是什么？
3. 如何通过命令行为程序传递参数？

6.3 习题解析

1. 如何理解 String 类对象的不变性和 StringBuilder 类对象的可变性？

【答】 String 对象一经创建就不能改变，而 StringBuilder 对象可以在其上修改。

2. String 对象的相等比较和大小比较各使用什么方法？

【答】 String 对象的相等比较使用 equals 方法，大小比较使用 compareTo 方法。

3. String 类的 concat 方法和 StringBuilder 类的 append 方法都可以连接两个字符串，它们之间有何不同？

【答】 String 类的 concat 方法连接两个字符串产生一个新的字符串，StringBuilder 类的 append 方法将一个字符串连接到 StringBuilder 对象的后面，不产生新的字符串。

4. StringBuffer 类对象和 StringBuilder 类对象有何不同？

【答】 StringBuffer 对象和 StringBuilder 对象都是可变字符串。StringBuffer 对象是线程安全的，StringBuilder 对象不是线程安全的。

5. 执行下列语句后输出的结果是（　　）。

```
String s = "\"Hello,World!\"";
System.out.println(s.length());
```

A. 12　　　　B. 14　　　　C. 16　　　　D. 18

【答】 B。

6. 执行下列程序段后 foo 的值为（　　）。

```
String foo = "blue";
```

```
boolean[] bar = new boolean[1];
if(bar[0]){
  foo = "green";
}
```

A. ""　　B. null　　C. blue　　D. green

【答】 C。

7. 写出下列代码的输出结果。

```
String foo = "blue";
String bar = foo;
foo = "green";
System.out.println(bar);
```

【答】 blue

8. 写出下列代码的输出结果。

```
String foo = "ABCDE";
foo.substring(3);
foo.concat("XYZ");
System.out.println(foo);
```

【答】 A、B、C、D、E。

9. 写出下列程序的输出结果。

```
public class Test{
  public static void main(String[] args){
    StringBuilder a = new StringBuilder ("A");
    StringBuilder b = new StringBuilder ("B");
    operate(a,b);
    System.out.println(a+","+b);
  }
  static void operate(StringBuilder x, StringBuilder y){
    x.append(y);
    y = x;
  }
}
```

【答】 AB、B。

10. 下列代码执行后输出 foo 的结果为（　　）。

```
int index = 1;
String[] test = new String[3];
String foo = test[index];
System.out.println(foo);
```

A. ""　　　B. null　　　C. 抛出一个异常　　　D. 代码不能编译

【答】 B。

11. 如果要求下列代码输出“Hello.java”，请给出程序代码。

```
String s = "D:\\study\\Hello.java";
______________________________________
System.out.println(s);
```

【答】 s = s.substring(s.lastIndexOf('\\')+1);

12. 使用下面的方法头编写一个方法，统计一个字符串中包含字母的个数。

```
public static int countLetters(String s)
```

编写 main()调用 countLetters("Beijing 2008")方法并显示它的返回值。

参考代码如下：

```
public static int countLetters(String s){
    int n = 0;
    for(int i = 0;i < s.length();i++){
      char c = s.charAt(i);
      if( c >= 'a' && c <= 'z' || c >='A' && c <= 'Z')
      n = n + 1;
    }
    return n;
}
```

13. 编写一个方法，将十进制数转换为二进制数的字符串，方法头如下：

```
public static String toBinary(int value)
```

参考代码如下：

```
public static String toBinary(int value){
    String s = "";
    while( value != 0){
      int r = value % 2;
      s = r + s;
      value = value / 2;
    }
    return s;
}
```

14. 使用下列方法头编写一个方法，返回排好序的字符串：

```
public static String sort(String s)
```

例如，sort("acb")返回"abc"。

参考代码如下：

```
public static String sort(String s){
    char [] ch = s.toCharArray();
    for(int i = 0; i < ch.length-1; i++){
       for(int j = i + 1; j < ch.length; j++){
          if(ch[i] > ch[j]){
             char t = ch[j];
             ch[j] = ch[i];
             ch[i] = t;
          }
       }
    }
    String str = new String(ch);
    return str;
}
```

15. 编写一个加密程序，要求从键盘输入一个字符串，然后输出加密后的字符串。加密规则是对每个字母转换为下一个字母表示，原来是 a 转换为 b，原来是 B 转换为 C。小写的 z 转换为小写的 a，大写的 Z 转换为大写的 A。

参考程序如下：

```
import java.util.Scanner;
public class Encrypt{
   public static void main(String[]args){
      Scanner sc = new Scanner(System.in);
      System.out.print("请输入一个字符串:");
      String str = sc.nextLine();
      System.out.println("原字符串是 :"+str);
      StringBuilder ss = new StringBuilder(str);

      for(int i = 0;i < ss.length(); i++){
         char c= ss.charAt(i);
         if(c=='z' || c=='Z'){
            c = (char)(c - 25);
         }else{
            c = (char)(c + 1);
         }
         ss.setCharAt(i,c);
      }
     System.out.println("加密后的字符串是:"+ss);
   }
}
```

16. 为上题编写一个解密程序。即输入的是密文，输出明文。

参考程序如下：

```
import java.util.Scanner;
public class Encrypt{
   public static void main(String[]args){
      Scanner sc = new Scanner(System.in);
      System.out.print("请输入加密字符串:");
      String str = sc.nextLine();
      System.out.println("加密字符串是 :"+str);
      StringBuilder ss=new StringBuilder(str);
      for(int i = 0;i < ss.length(); i++){
         char c = ss.charAt(i);
         if(c == 'a' || c == 'A'){
            c = (char)(c + 25);
         }else{
            c = (char)(c - 1);
         }
         ss.setCharAt(i,c);
      }
      System.out.println("解密后的字符串是:"+ss);
   }
}
```

17. 编写一程序，将字符串“no pains,no gains.”解析成含有 4 个单词的字符串数组。

参考程序如下：

```
public class SplitDemo{
   public static void main(String args[]){
      String s = "no pains,no gains";
      String[] words = s.split("[, ]");
      for(int i = 0; i < words.length; i++)
         System.out.println(words[i]);
   }
}
```

18. 有下列程序：

```
public class CommandLineDemo{
     public static void main(String [] args){
        System.out.println("The command line has "+
                  args.length + " arguments");
         for(int i =0;i < args.length ;i ++){
            System.out.println("argument number "+ i +
                  ":"+ args[i]);
         }
      }
   }
```

若使用下列命令执行程序，程序输出结果如何？

```
java CommandLineDemo  /D  1024  /f  test.dat
```

程序输出如下：

```
The command line has 4 arguments
argument number 0:/D
argument number 1:1024
argument number 2:/f
argument number 3:test.dat
```

19. 编写一程序，从命令行输入三个字符串，要求按从小到大的顺序输出。

参考程序如下：

```
public class Test{
   public static void main(String args[]){
     for(int i=0; i<args.length-1; i++)
        for(int j = i + 1; j < args.length; j++)
           if(args[i].compareTo(args[j]) > 0)){
              String t = new String();
              t=args[j];
              args[j] = args[i];
              args[i] = t;
           }
    for(int i = 0; i < args.length; i++)
      System.out.println(args[i]);
  }
}
```

20. 写出下列程序的运行结果。

```
import java.util.regex.*;
public class SmallRegex{
   public static void main(String [] args){
     Pattern p = Pattern.compile("ab");
     Matcher m = p.matcher("abaaaba");
     boolean b = false;
     while(b = m.find()){
        System.out.println(m.start()+" "+m.end()+" "+m.group());
     }
  }
}
```

【答】

```
0 2 ab
4 6 ab
```

21. 写出下列程序的运行结果。

```
import java.util.regex.*;
public class RegexTest{
  public static void main(String [] args){
    Pattern p = Pattern.compile("\\d*");
    Matcher m = p.matcher("ab89ef5");
    boolean b = false;
    while(b = m.find()){
       System.out.println(m.start()+" "+m.group());
    }
  }
}
```

如果将模式串中的贪婪量词改为“+”或“?”，结果分别如何？

【答】

```
0
1
2 89
4
5
6 5
7
```

第7章 Java 面向对象特征

7.1 本 章 要 点

面向对象程序设计语言具有三个基本特性：封装性、继承性和多态性。本章详细介绍了 Java 语言的这三个特性。

定义一个子类继承某个类，使用 extends 关键字，下面定义一个 Manager 类，它继承了 Employee 类：

```
public class Manager extends Employee{
    String department;      // 负责的部门
    int workHours;          // 每周工作小时
    public Manager (){}
    public Manager (String name, int age, double salary,
                    String department,int workHours){
      super(name,age,salary);
      this.department = department;
      this.workHours = workHours;
   }
   public double computePay(){
      return getSalary() + workHours*5;
   }
}
```

定义类时若缺省 extends 关键字，则所定义的类为 java.lang.Object 类的直接子类。Java 仅支持单重继承。子类能够继承超类中访问权限为非 private 的成员变量和成员方法。

在子类中还可以定义与超类中的名字、参数列表、返回值类型都相同的方法，这时子类的方法就叫做覆盖或重写了超类的方法。也可以覆盖 Object 类中的方法，如在 Manager 类中定义一个 toString 方法。

在子类中可以使用 super 关键字，它用来引用当前对象的超类对象。具体来说，使用 super 可以在子类中访问超类中被隐藏的成员变量，在子类中调用超类中被覆盖的方法以及在子类中调用超类的构造方法。

Java 语言规定，在创建子类对象时，必须先创建该类的所有超类对象。因此，在编写子类的构造方法时，必须保证它能够调用超类的构造方法。

使用 final 修饰符可以修饰变量、方法和类。用 final 修饰的变量包括类的成员变量、方法的局部变量和方法的参数。一个变量如果用 final 修饰，则该变量为常值变量，一旦赋值便不能改变。如果一个方法使用 final 修饰，则该方法不能被子类覆盖。如果一个类使用 final 修饰，则该类就为最终类，最终类不能被继承。

Object 类是 Java 语言中所有类的根类，定义类时若没有用 extends 指明继承哪个类，编译器自动加上 extends Object。Object 类中共定义了 9 个方法，如 equals()用来比较当前对象与参数对象是否相等、toString()返回对象的字符串表示、hashCode()返回对象的散列码值、clone()返回对象的一个副本、finalize()用来销毁对象。

对象的封装是通过两种方式实现的：一种方法是通过包实现封装性。在定义类时使用 package 语句指定类属于哪个包。包是 Java 语言最大的封装单位，定义了程序对类的访问权限。另一种方法是通过类或类的成员的访问权限实现封装性。

类成员的访问权限包括成员变量和成员方法的访问权限。共有 4 个修饰符，它们分别是 private、缺省、protected 和 public。用 private 修饰的成员称为私有成员，私有成员只能被这个类本身访问；缺省访问修饰符的成员可以被该类本身和同一个包中的类访问；protected 成员可以被这个类本身、同一个包中的其他类以及该类的子类（包括同一个包以及不同包中的子类）访问；public 成员可以被任何其他的类访问。

包含抽象方法的类应该定义为抽象类，定义抽象类需要在类前加上 abstract 修饰符。接口是常量和方法的集合，这些方法只有声明没有实现。接口主要用来实现多重继承。接口只能被类实现，类声明中用 implements 子句来表示实现接口

由于子类继承了超类的数据和行为，因此子类对象可以作为超类对象使用，即子类对象可以自动转换为超类对象。反过来，也可以将一个超类对象转换成子类对象，这时需要使用强制类型转换。强制类型转换需要使用转换运算符“( )”。

instanceof 运算符用来测试一个实例是否是某种类型的实例，这里的类型可以是类、抽象类、接口等。

将一个方法调用与方法主体关联起来称方法绑定（binding）。若在程序执行前进行绑定，叫做前期绑定，如 C 语言的函数调用都是前期绑定。若在程序运行时根据对象的类型进行绑定，则称为后期绑定或动态绑定。Java 中除了 static 方法和 final 方法外都是后期绑定。正是通过动态绑定才能实现多态性。

为了将基本类型的数据封装到对象中，Java 为每种基本类型提供了一个包装类，其中包括 Boolean、Character、Byte、Short、Integer、Long、Float 和 Double。为方便基本类型和包装类型之间转换，Java 5 版提供自动装箱和自动拆箱功能。自动装箱是指基本类型的数据可以自动转换为包装类的实例，自动拆箱是指包装类的实例自动转换为基本类型的数据。

如果在计算中需要非常大的整数或非常高精度的浮点数，可以使用 java.math 包中定义的 BigInteger 类和 BigDecimal 类。

7.2 实验指导

【实验目的】

1. 理解继承的概念，掌握如何定义一个类的子类，掌握成员变量的隐藏和方法的覆盖，掌握 this 和 super 关键字的使用。

2. 理解 final 类和 abstract 类的含义，掌握如何定义和使用 final 类和 abstract 类。

3. 掌握对象的造型与多态的概念，掌握访问修饰符的含义和使用。

4. 掌握接口的概念与定义，能够区别接口与抽象类。

【实验内容】

实验题目 1：理解类的继承。

（1）定义一个表示长方形的类 Rectangle，其中包含两个 private 的 double 型成员变量 length 和 width 分别表示长方形的长和宽；定义一个有参数的构造方法 Rectangle(double length, double width)，并为长方形对象初始化；定义一个无参数的构造方法，在其中调用有参数的构造方法，使创建的对象的长和宽都为 0；再定义用来求长方形周长的方法 perimeter()和求面积的方法 area()。

（2）定义一个长方体类 Cuboid，使其继承 Rectangle 类，其中包含一个表示高的 double 型成员变量 height；定义一个构造方法 Cuboid(double length, double width, double height)；再定义一个求长方体表面积的方法 area(double height)和求体积的方法 volume()。

（3）编写一个名为 CuboidTest.java 的应用程序，求一个长、宽和高分别为 10、5、2 的长方体的体积。

实验题目 2：给定如图 7-1 所示的两个包 com 和 org，其中 A、B、C 类属于 com 包，D 和 E 类属于 org 包，箭头表示继承关系。

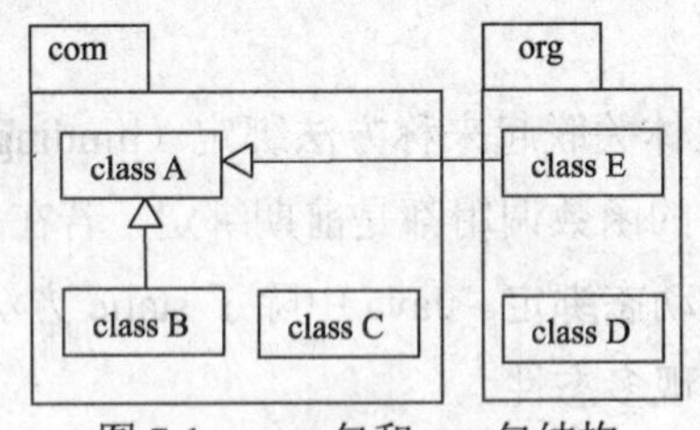

图 7-1　com 包和 org 包结构

假设 A 类的声明如下，请编程验证 A 类中的 4 个成员在其他类中的可见性，并在表 7-1 中标出。

```
public class A{
   public int a;
   private int b;
   protected int c;
   int d;
 }
```

表 7-1 类对 A 类成员的可见性

变 量	A 类	B 类	C 类	D 类	E 类
public int a					
private int b					
protected int c					
int d					

实验题目 3： 下列程序是否能够正确编译和运行？为什么？

```
//CastDemo1.java
class Employee{}
class Manager extends Employee{
   public String toString(){
      return  "I'm a manager.";
   }
}
public class CastDemo1{
 public static void main(String args[]){
    Employee stuff;
    Manager boss=new Manager();
    stuff=boss;
    Manager myBoss;
    myBoss=(Manager)stuff;
    System.out.println(myBoss);
  }
}
```

实验题目 4： 输入下列程序，分析运行结果。

```
 // EdibleTest.java
interface Edible{
   public abstract String howToEat();
}
abstract class Food{}
abstract class Fruit extends Food implements Edible{}
class Beef extends Food implements Edible{
   public String howToEat(){
      return  "Fried Beef Steak";
   }
}
class Mutton extends Food implements Edible{
   public String howToEat(){
      return  "Roast Mutton";
   }
}
class Apple extends Fruit{
   public String howToEat(){
      return  "Make Apple Pie";
```

```
    }
}
class Orange extends Fruit{
   public String howToEat(){
      return  "Make Orange Juice";
   }
}

public class EdibleTest{
  public static void main(String args[]){
     Object[] obj = {new Beef(),new Mutton(),new Apple(),new Orange()};
     for(int i =0 ; i < obj.length;i++){
        if(obj[i] instanceof Edible)
           System.out.println(((Edible)(obj[i])).howToEat());
     }
  }
}
```

（1）执行上述程序，结果如何？

（2）画出上述接口与类的 UML 图。

实验题目 5：假设某公司有 4 种职务，经理、销售代表、计件工人和计时工人，他们的工资组成分别为：

- 经理的工资由基本工资加上奖金组成；
- 销售代表的工资由基本工资加上销售额的提成组成，销售额中小于 1 万元的部分可以提成 10%，大于 1 万元小于 2 万元的部分可以提成 7.5%，大于 2 万元小于 4 万元的部分可以提成 5%，大于 4 万元小于 6 万元的部分可以提成 3%，大于 6 万元的部分可以提成 1.5%，大于 10 万元的部分可以提成 1%；
- 计件工人的工资是基本工资加上生产产品的数量乘以生产每件产品的报酬；
- 计时工人的工资是基本工资加上工作总时间乘以工作每小时的报酬。

编写程序，使用类的继承和多态机制，设计完成打印工资单功能的类。

【思考题】

1. 在类的继承中，子类继承了超类的哪些内容？
2. 类的访问修饰符和类成员的访问修饰符有哪些？作用是什么？
3. 如何理解抽象类和接口的作用？

7.3 习 题 解 析

1. 实现类的继承使用什么关键字？哪个是超类？哪个是子类？子类继承超类中的哪些内容？

【答】 实现类的继承使用 extends 关键字。若有 class B extends A，则 A 是超类，B 是子类。子类继承超类中非私有的变量和方法。

2. 所有类的根类是什么？该类中定义了哪些常用方法？这些方法能被子类对象使用吗？为什么？

【答】 Object 类是所有类的根类，其中定义了 9 个方法，如 toString()、equals()、hashCode()等方法，它们被子类继承。

3. 什么是方法覆盖？它与方法重载有什么区别？

【答】 在子类中定义与超类中的名字、参数列表、返回值类型都相同的方法，这时子类的方法就叫做覆盖。在同一个类中定义的名称相同、参数个数或类型不同的方法称为方法重载。

4. super 关键字可以用在哪三种情况下？如何使用？

【答】（1）在子类中访问超类中被隐藏的成员变量。

（2）在子类中调用超类中被覆盖的方法。

（3）在子类中调用超类的构造方法。

5. 子类中能否定义与超类中方法重载的方法？

【答】 能。

6. final 修饰符都可以修饰什么？abstract 修饰符都可以修饰什么？各表示什么含义？

【答】 final 修饰符可以修饰类、方法和变量。abstract 修饰符可以修饰类和方法。

7. 对象类型转换分为哪两种？有什么不同？

【答】 对象类型转换分为自动类型转换和强制类型转换。

8. 类的访问修饰符有哪些？各有什么不同？

【答】 缺省和 public。缺省访问修饰符的类只能被同一个包中的类访问，public 修饰符的类可以被任何类访问。

9. 类的成员的访问修饰符有哪些？各有什么不同？

【答】 类成员的访问修饰符有 public、protected、缺省和 private。

10. 抽象类中可以定义非抽象的方法吗？接口中呢？

【答】 抽象类中可以定义非抽象方法，接口中不可以。

11. 什么是接口的实现？使用什么关键字？要注意什么？

【答】 接口的实现使用 implements 关键字，即实现接口中定义的抽象方法。注意，接口中定义的方法修饰符都是 public。

12. Object 类定义在哪个包中？它有什么特殊之处？

【答】 该类定义在 java.lang 包中，是所有类的根类，其中定义了 9 个方法，这些方法被子类继承。

13. 基本类型包装类与基本类型之间有什么关系？

【答】 每一种基本类型对应一种基本类型包装类，如 int 类型的包装类是 Integer，boolean 类型的包装类是 Boolean。

14. 编写一程序输出 6 种数值型包装类的最大值和最小值。

参考程序如下：

```
import static java.lang.System.out;
public class NumberTest{
  public static void main(String[]args){
    out.println(Byte.MAX_VALUE);
    out.println(Short.MAX_VALUE);
    out.println(Integer.MAX_VALUE);
    out.println(Long.MAX_VALUE);
    out.println(Float.MAX_VALUE);
    out.println(Double.MAX_VALUE);

    out.println(Byte.MIN_VALUE);
    out.println(Short.MIN_VALUE);
    out.println(Integer.MIN_VALUE);
    out.println(Long.MIN_VALUE);
    out.println(Float.MIN_VALUE);
    out.println(Double.MIN_VALUE);
  }
}
```

15. 下列程序的运行结果为（　　）。

```
class Animal{
   public Animal(){
   System.out.println("I'm an animal.");
   }
}
class Bird extends Animal{
  public Bird(){
  System.out.println("I'm a bird.");
  }
}
public class AnimalTest{
  public static void main(String[]args){
  Bird b = new Bird();
```

```
    }
}
```

A. 编译错误　　　　　　　　　B. 无输出结果

C. I'm a bird.　　　　　　　　D. I'm an animal.

E. I'm an animal.　　　　　　F. I'm a bird
   I'm a bird　　　　　　　　　I'm an animal.

【答】 E。

16. 有下列程序，试指出该程序的错误之处。

```
class AA{
  AA(int a){
    System.out.println("a="+a);
  }
}
class BB extends AA{
  BB(String s){
    System.out.println("s = "+s);
  }
}
public class ConstructorDemo{
  public static void main(String[] args){
    BB b = new BB("hello");
  }
}
```

【答】 在BB类的构造方法中将调用AA类默认的构造方法，而AA类没有提供默认的构造方法。

17. 下面程序运行结果为(　　)。

```
class Super{
  public int i = 0;
  public Super(String text){
    i = 1;
  }
}
public class Sub extends Super{
   public Sub(String text){
     i = 2;
   }
   public static void main(String[] args){
     Sub sub = new Sub("Hello");
     System.out.println(sub.i);
  }
}
```

A. 编译错误　　　　　　　　B. 编译成功输出 0
C. 编译成功输出 1　　　　　D. 编译成功输出 2

【答】 A 子类的构造方法中没有调用超类的构造方法，故自动调用超类的默认构造方法，而超类中又没有定义默认的构造方法，找不到 Super()，产生编译错误。

18. 有下面类的定义：

```
class Super{
   public float getNum(){
      return 3.0f;
   }
}
public class Sub extends Super{
 ________________
}
```

下面哪个方法放在划线处会发生编译错误？（　　）

A. public float getNum(){return 4.0f;}

B. public void getNum(){}

C. public void getNum(double d){}

D. public double getNum(float d){return 4.0d;}

【答】 B。

19. 下列程序有什么错误？

```
abstract class AbstractIt{
  abstract float getFloat();
}
public class AbstractTest extends AbstractIt{
  private float f1 = 1.0f;
  private float getFloat(){
     return f1;
  }
}
```

【答】 方法覆盖时不能使用更低的访问权限，应去掉 getFloat 方法的 private 修饰符。

20. 下面哪两个方法不能被子类覆盖？（　　）

A. final void methoda(){}　　　　B. void final methoda(){}
C. static void methoda(){}　　　　D. static final void methoda(){}
E. final abstract void methoda(){}

【答】 A、D。

21. 阅读下面的程序，写出运行结果。

```
class Parent{
  void printMe(){
     System.out.println("I am parent");
  }
}
class  Child  extends Parent{
   void printMe(){
      System.out.println("I am child");
   }
   void printAll(){
     super.printMe();
     this.printMe();
     printMe();
   }
}
public class Test{
   public static void main(String[] args){
     Child myC = new Child();
     myC.printAll();
  }
}
```

【答】
```
I am parent
I am child
I am child
```

22. 写出下列程序的运行结果。

```
abstract class AA{
   abstract void callme();
   void metoo(){
     System.out.println("Inside AA's metoo().");
   }
}
class BB extends AA{
  void metoo(){
    System.out.println("Inside BB's metoo().");
  }
  void callme(){
     System.out.println("Inside BB's callme().");
  }
}
public class AbstractTest{
  public static void main(String[] args){
    AA aa = new BB();
    aa.callme();
    aa.metoo();
  }
}
```

【答】
```
Inside BB's callme().
Inside BB's metoo().
```

23. 有下面类的声明，下列哪段代码是正确的？（　　）

```
class Employee{}
class Manager extends Employee{
   public String toString(){
     return  "I'm a manager.";
   }
}
```

A. Manager boss = new Manager();
   Employee stuff = boss;
   Manager myBoss = (Manager)stuff;

B. Employee stuff = new Employee();
   Manager boss = (Manager)stuff;

【答】 A。

24. 写出下列程序的运行结果。

```
class Employee{}
class Manager extends Employee{}
class Secretary extends Employee{}
class Programmer extends Employee{}
public class Test{
   public static void show(Employee e){
     if(e instanceof Manager)
        System.out.println("He is a Manager.");
     else if(e instanceof Secretary)
        System.out.println("He is a Secretary.");
     else if(e instanceof Programmer)
        System.out.println("He is a Programmer.");
     }
  public static void main(String[] args){
    Manager m = new Manager();
    Secretary s = new Secretary();
    Programmer p = new Programmer();
    show(m);
    show(s);
    show(p);
  }
}
```

【答】
```
He is a Manager.
He is a Secretary.
He is a Programmer.
```

25. 修改下列程序的错误（注意只允许修改一行）。

```
(1) public class MyMain{
        IamAbstract ia = new IamAbstract();
    }
    abstract class IamAbstract{
      IamAbstract(){}
    }

(2) class IamAbstract{
        final int f;
        double d;
        abstract void method();
    }
```

【答】 （1）抽象类不能实例化。去掉 IamAbstract 类的 abstract 修饰符。

（2）若方法定义为抽象方法，类应该定义为抽象类。将 method 方法的 abstract 修饰符去掉，或在 IamAbstract 类上添加 abstract。

26. 下面程序的输出结果是（　　）。

```
public class Foo{
  Foo(){System.out.print("foo");}
  class Bar{
    Bar(){System.out.print("bar");}
    public void go(){System.out.print("hi");}
  }
  void makeBar(){
    (new Bar()).go();
  }
 public static void main(String[] args){
   Foo f = new Foo();
   f.makeBar();
 }
}
```

A. barhi　　B. foobarhi　　C. hi　　D. foohi

【答】 B。

27. 下面程序中共有 6 处使用了自动装箱或自动拆箱，请指出来。

```
public class UseBoxing {
    boolean go(Integer i){
       Boolean ifSo = true;
       Short s = 300;
       if(ifSo){
          System.out.println(++s);
```

```
        }
        return !ifSo;
      }
    public static void main(String []args){
      UseBoxing u = new UseBoxing();
      u.go(5);
    }
  }
```

【答】

```
u.go(5);                          //自动装箱
 Boolean ifSo = true;             //自动装箱
 Short s = 300;                   //自动装箱
 if(ifSo)                         //自动拆箱
 System.out.println(++s);         //自动拆箱
 return !ifSo;                    //自动拆箱
```

28. 下面是一接口定义，在第 2 行前面插入哪些修饰符是合法的？（　　）

```
public interface Status{
  /*此处插入代码*/ int MY_VALUE = 10;
}
```

A. final　　B. static　　C. native　　D. public

E. private　　F. abstract　　G. protected

【答】 A、B、D。

29. 图 7-2 所示为两个包 com 和 org，其中 A、B、C 类属于 com 包，D 和 E 类属于 org 包，箭头表示继承关系。

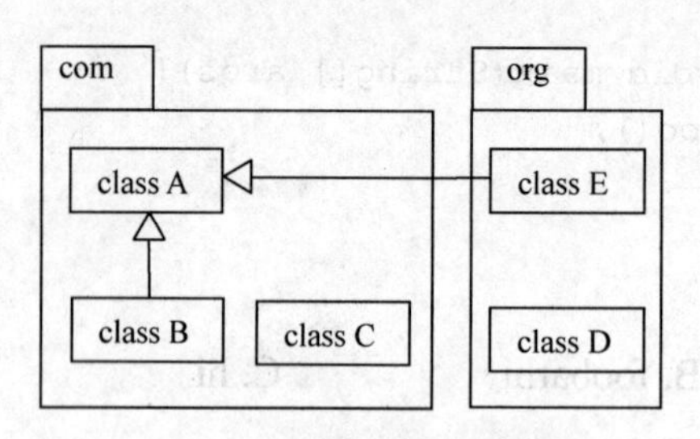

图 7-2　com 包和 org 包结构

假设 A 类的声明如下，请在表 7-2 中标出每个类对这些变量是否可见。

```
public class A{
  public int v1;
  private int v2;
  protected int v3;
  int v4;
}
```

表 7-2　类对 A 类成员的可见性

变　量	A类	B类	C类	D类	E类
public int v1	√	√	√	√	√
private int v2	√	×	×	×	×
protected int v3	√	√	√	×	√
int v4	√	√	√	×	×

【答】　见表 7-2，√表示可以访问，×表示不能访问。

30. 定义一个名为 Student 的类，它继承 Person 类，其中定义 sno（表示学号）和 major（表示专业）两个成员变量和封装这两个变量的方法。编写主程序检查新建类中的所有变量和方法。

参考程序如下：

```
public class Student extends Person{
   String sno;
   String major;
   public void setSno(String sno){
     this.sno = sno;
   }
   public void setMajor(String major){
      this.major = major;
   }
   public String getSno(){
      return sno;
   }
   public String getMajor(){
      return major;
   }
   public static void main(String[] args){
      Student stud = new Student();
      stud.setName("LiuMing");
      stud.setAge(20);
      stud.setSno("200215121");
      stud.setMajor("Information Science");
      System.out.println(stud.getName());
      System.out.println(stud.getAge());
      System.out.println(stud.getSno());
      System.out.println(stud.getMajor());
   }
}
```

31. 设计一个汽车类 Auto，其中包含一个表示速度的 double 型的成员变量 speed 和表示启动的 start 方法、表示加速的 speedUp 方法以及表示停止的 stop 方法。再设计一个 Auto 类的子类 Bus 表示公共汽车，在 Bus 类中定义一个 int 型的表示乘客数的成员变量

passenger，另外定义两个方法 gotOn()和 gotOff()表示乘客上车和下车。编写一个应用程序测试 Bus 类的使用。

参考程序如下：

```
public class Auto{
   private double speed;
   public void start(){
     System.out.println("The auto is started.");
   }
   public void speedUp(double speed){
      this.speed = speed;
      System.out.println("The auto is speed up to "+speed+"kilo/h.");
   }
   public void stop(){
      this.speed = 0;
      System.out.println("The auto is stoped.");
   }
}

public class Bus extends Auto{
   private int passenger;
   public void gotOn(int n){
      passenger = passenger+n;
      System.out.println("The person on bus is:"+passenger);
   }
   public void gotOff(int n){
      passenger = passenger-n;
      System.out.println("The person on bus is:"+passenger);
   }
}

public class BusTest{
   public static void main(String []args){
      Bus bus = new Bus();
      bus.start();
      bus.speedUp(60);
      bus.stop();
      bus.gotOn(10);
      bus.gotOff(5);
   }
}
```

32. 定义一个名为 Triangle 的三角形类，使其继承 Shape 抽象类，覆盖 Shape 类中的抽象方法 perimeter()和 area()两个方法。编写一个应用程序测试 Triangle 类的使用。

参考程序如下：

```
public abstract class Shape{
  private String name;
```

```
    public Shape(){}
    public Shape(String name){
       this.name = name;
    }
    public void setName(String name){
       this.name = name;
    }
    public String getName(){
      return name;
    }
    public abstract double perimeter();
    public abstract double area();
  }

public class Triangle extends Shape{
    double a,b,c;
    public Triangle(){
      this.a = 0; this.b = 0; this.c = 0;
    }
    public Triangle(double a, double b, double c){
      this.a = a; this.b = b; this.c = c;
    }
    public double area(){
      double s = (a + b + c) / 2.0;
      return Math.sqrt(s * (s-a) * (s-b) * (s-c));
    }
    public double perimeter(){
      return a + b + c;
    }
    public static void main(String[] args){
      Triangle ta = new Triangle(3, 4, 5);
      System.out.println(ta.area());
    }
}
```

33. 定义一个名为 Cuboid 的长方体类，使其继承 Rectangle 类，其中包含一个表示高的 double 型成员变量 height；定义一个构造方法 Cuboid(double length, double width, double height)；再定义一个求长方体体积的 volume 方法。编写一个应用程序，求一个长、宽和高分别为 10、5、2 的长方体的体积。

参考程序如下：

```
public class Cuboid extends Rectangle{
    private double height;
    public Cuboid(double length,double width, double height){
        super(length,width);
        this.height = height;
    }
    public Cuboid(){
```

```
        this(0,0,0);
    }
    public void setHeight(double height){
        this.height = height;
    }
    public double getHeight(){
        return height;
    }
    public double volume(){
        return area() * height;
    }
}
public class CuboidTest{
    public static void main(String[]args){
        Cuboid cb = new Cuboid();
        cb.setLength(10);
        cb.setWidth(5);
        cb.setHeight(2);
        System.out.println("volume="+cb.volume());
    }
}
```

34. 定义一个名为 Square（正方形）的类，它有一个名为 length 的成员变量，一个带参数的构造方法，要求该类对象能够调用 clone 方法。为该类覆盖 equals 方法，当边长相等时认为两个 Square 对象相等，覆盖 toString 方法，要求对一个 Square 对象输出格式 Square[length=100]。这里，100 是边长。编写一个程序测试该类的使用。

参考代码如下：

```
public class Square implements Cloneable{
  private double length;
  public Square(double length){
     this.length = length;
  }
  public void setLength(double length){
     this.length = length;
  }
  public double getLength(){
     return length;
  }
  public boolean equals(Square s){
    if(this.length==s.length){
      return true;
    }else{
      return false;
```

```
        }
    }
    public String toString(){
        return "Square[length="+length+"]";
    }
    public static void main(String args[])
            throws CloneNotSupportedException{
     Square sq1 = new Square();
     sq1.setLength(10);
     System.out.println(sq1);
     Square sq2 = (Square)sq1.clone();
     System.out.println(sq1);
     System.out.println(sq1.equals(sq2));
   }
}
```

35. 已知4个类之间的关系如图7-3所示，分别对每个类的有关方法进行编号。例如，Shape的perimeter()为1号，表示为“1:perimeter()”，Rectangle类的perimeter()为2号，表示为“2:perimeter()”，依此类推。其中，每个类的perimeter方法签名相同。

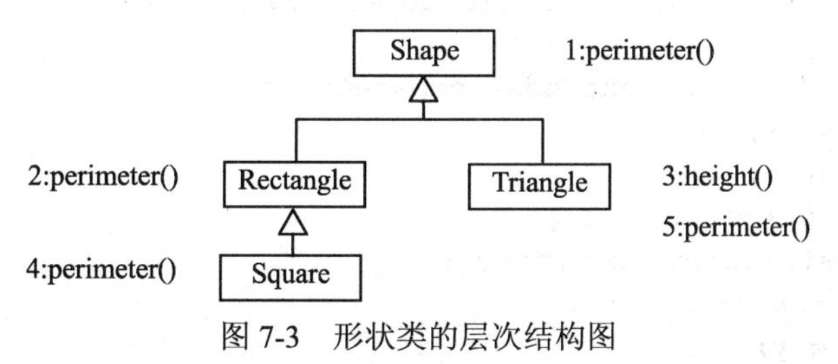

图7-3　形状类的层次结构图

有下面Java代码：

```
Triangle tr = new Triangle();
Square sq = new Square();
Shape  sh = tr;
```

（1）关于上述Java代码中sh 和 tr的以下叙述中，哪两个是正确的（写出编号）。

① sh 和 tr分别引用同一个对象。

② sh 和 tr分别引用同一类型的不同的对象。

③ sh 和 tr分别引用不同类型的不同对象。

④ sh 和 tr分别引用同一个对象的不同拷贝。

⑤ sh 和 tr所引用的内存空间是相同的。

（2）下列赋值语句中哪两个是合法的（写出合法赋值语句的编号）。

① sq = sh;　　② sh = tr;　　③ tr = sq;　　④ sq = tr;　　⑤ sh = sq;

（3）写出下面消息对应的方法编号（如果该消息错误或者没有对应的方法调用，请填写“无”）。

tr.height() ______①______
sh.perimeter() ______②______
sq.height() ______③______
sq.perimeter() ______④______
sh.height() ______⑤______
tr.perimeter() ______⑥______

【答】 （1）① ⑤

（2）② ⑤

（3）① 3 ② 5 ③ 无 ④ 4 ⑤ 无 ⑥ 5

36. 设计一个抽象类 CompareObject，其中定义一个抽象方法 compareTo()用于比较两个对象。然后设计一个类 Position 从 CompareObject 类派生，该类有 x 和 y 两个成员变量表示坐标，该类实现 compareTo 方法，用于比较两个 Position 对象到原点（0，0）的距离之差。

参考程序如下：

```
public abstract class CompareObject{
  public abstract int compareTo(Object obj);
}
public class Position extends CompareObject{
  private int x;
  private int y;
  public Position(){}
  public Position(int x, int y){
    this.x = x;
    this.y = y;
  }
  public void setX(int x){
    this.x = x;
  }
  public void setY(int y){
    this.y = y;
  }
  public int getX(){return x;}
  public int getY(){return y;}
  //实现 compareTo()方法
  public int compareTo(Object obj){
    Position pos = (Position)obj;
    double dist1 = Math.sqrt(x*x + y*y);
    double dist2 = Math.sqrt(pos.x * pos.x + pos.y * pos.y);
    return (int)(dist1-dist2);
  }
  public static void main(String[]args){
    Position pos1 = new Position(0,0);
    Position pos2 = new Position(3,4);
```

```
        System.out.println(pos1.compareTo(pos2));
    }
}
```

37. 有如图 7-4 所示的接口和类的层次关系图，请编写代码实现这些接口和类。

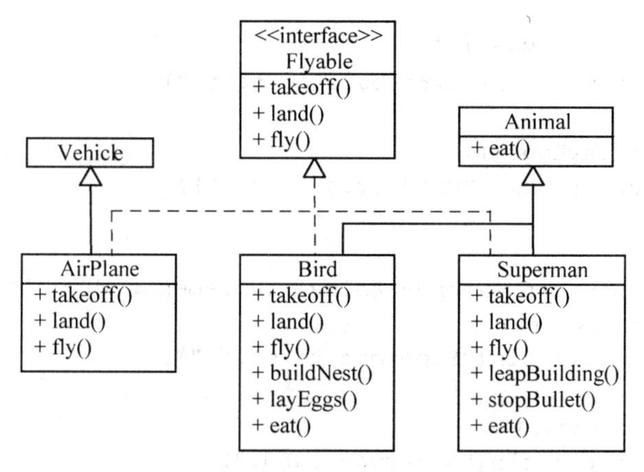

图 7-4　类和接口层次图

参考程序如下：

```
public interface Flyable{
   public abstract void takeoff();
   public abstract void land();
   public abstract void fly();
}
public abstract class Vehicle {
}
public abstract class AirPlane extends Vehicle implements Flyable{
   public void takeoff(){
      System.out.println("Plane takeoff.");
   }
   public void land(){
      System.out.println("Plane land.");
   }
   public void fly(){
      System.out.println("Plane flying.");
   }
}
public abstract class Animal{
  public abstract void eat();
}
public class Bird extends Animal implements Flyable{
   public void takeoff(){
      System.out.println("Bird takeoff.");
   }
   public void land(){
```

```
        System.out.println("Bird land.");
    }
    public void fly(){
        System.out.println("Bird flying.");
    }
    public  void eat(){
        System.out.println("Bird eating.");
    }
    public  void buildNest(){
        System.out.println("Bird buiding nest.");
    }
    public  void layEggs(){
        System.out.println("Bird lying eggs.");
    }
}
public class Superman extends Animal implements Flyable{
    public void takeoff(){
        System.out.println("Superman takeoff.");
    }
    public void land(){
        System.out.println("Superman land.");
    }
    public void fly(){
        System.out.println("Superman flying.");
    }
    public  void eat(){
        System.out.println("Superman eating.");
    }
    public  void leapBuiding(){
        System.out.println("Superman leap building.");
    }
    public  void stopBullet(){
        System.out.println("Superman stop bullet.");
    }
}
public class PolymorphismDemo{
    public static void main(String []args){
        Flyable plane = new AirPlane();
        plane.takeoff();
        plane.fly();

        Flyable bird = new Bird();
        bird.fly();
        bird.buildNest();  // 编译错误
    }
}
```

38. 有下列事物：汽车、玩具汽车、玩具飞机、阿帕奇直升机。请按照它们之间的关系，使用接口和抽象类，编写出有关代码。

参考答案：

设汽车 Auto 定义为抽象类，玩具 Toy 定义为接口，玩具汽车 ToyAuto 定义为具体类。飞机 Plane 定义为抽象类，玩具飞机 ToyPlane 定义为具体类，阿帕奇直升机 ApacheHelicopter 定义为具体类。程序代码如下：

```
// 汽车类的定义
public abstract class Auto{}
// 玩具接口的定义
public interface Toy{}
// 玩具汽车的定义
public class ToyAuto extends Auto implements Toy{}
// 飞机类的定义
public abstract class Plane{}
// 玩具飞机的定义
public class ToyPlane extends Plane implements Toy{}
// 阿帕奇直升机的定义
public class ApacheHelicopter extends Plane{}
```

第8章 异常处理与断言

8.1 本章要点

任何一种编程语言，错误处理都是一项重要特征。好的错误处理机制会使程序员写出健壮的应用程序。Java 语言使用异常机制来处理程序错误。异常是在程序运行过程中产生的使程序终止正常运行的对象。

Java 的任何异常都是 Throwable 类的直接或间接子类实例。该类有两个子类：Error 类和 Excption 类。对 Error 类的对象程序员几乎不能做任何事情，这里不讨论这种错误。Exception 类的一个子类 RuntimeException 及其子类称为运行时异常，其他子类称为非运行时异常。

Java 语言的异常处理技术主要包括：

- 使用传统的 try-catch-finally 结构；
- 使用 Java 7 新增的 try-with-resources 语句；
- 将异常抛给调用者。

异常的栈跟踪。异常对象产生在方法调用中，要了解异常发生在哪个方法中，可以通过 Throwable 类的 printStackTrace 方法打印异常的栈跟踪。从栈跟踪中可以了解到异常发生在哪个方法中。

传统的 try-catch-finally 结构如下：

```
try{
    // 需要处理的代码
} catch (ExceptionType1 exceptionObject){
    // 异常处理代码
} catch (ExceptionType2 exceptionObject){
    // 异常处理代码
} [finally{
    // 最后处理代码，该块是可选的
}]
```

该结构可以包含多个 catch 块捕获多种异常，如果产生的异常与某个 catch 块中指定的异常匹配，则进入该 catch 块执行异常处理代码。但需注意，如果多个 catch 块的异常具有超类和子类关系时，子类异常要写在前面。

如果有多个 catch 块中的异常处理代码相同，则没有必要使用多个 catch 块。这时可以使用 Java 7 新增的捕获多个异常功能。

例如：

```
try{
   // 需要处理的代码
}catch(IOException | NumberFormatException){
   e.printStackTrace();
}
```

finally 块是可选项。异常的产生往往会中断应用程序的执行，而在异常产生前，可能有些资源未被释放。有时无论程序是否发生异常，都要执行一段代码，这时就可以通过 finally 块实现。无论异常产生与否 finally 块都会被执行。即使是使用了 return 语句，finally 块也要被执行，除非 catch 块中调用了 System.exit 方法终止程序的运行。

当程序中打开多个资源需要关闭时可能会出现问题，所以 Java 7 新增了一种异常处理机制，称为 try-with-resources 语句。使用该语句可以实现自动关闭打开的资源。但它要求在该语句中打开的资源必须实现 java.lang.AutoClosable 接口。

下面代码可以实现文件的复制，说明了 try-with-resources 语句的使用：

```
try(BufferedReader reader = Files.newBufferedReader(
        Paths.get("data.txt"),Charset.defaultCharset());
    BufferedWriter writer = Files.newBufferedWriter(
        Paths.get("data.bak")),Charset.defaultCharset()))
{
   String input;
   while((input = reader.readLine())!=null){
      writer.write(input);
      writer.newLine();
   }
}catch(IOException ioe){
    ioe.printStackTrace();
}
```

上述代码中，资源是在 try 后面的括号中声明的，在其后面的大括号代码块中使用这些资源，当该代码块结束，这些资源将被自动关闭。因此，省去了使用 finally 块关闭资源的代码。try-with-resources 语句可以不带 catch 或 finally 块。

声明方法抛出异常。如果在方法体中不处理可能发生的异常，可以在声明方法时使用 throws 声明方法抛出异常。

```
public void someMethod() throws IOException{
   …
   object.anotherMethod();    // 可能抛出 IOException 异常
   …
}
```

如果方法中某个语句抛出指定的异常，则跳过后面的代码，控制将返回到调用方法寻找处理异常代码。

除了程序代码执行时可抛出异常外，在程序中也可以使用 new 创建一个异常对象，然后使用 throw 语句将其抛出。另外，根据需要用户可以定义自己的异常类，通常需要继承

Exception 类或其子类。

断言是 Java 的一个语句，用来对程序运行状态进行某种判断。断言包含一个布尔表达式，在程序运行中它的值应该为 true。断言用于保证程序的正确性，避免逻辑错误。

8.2 实验指导

【实验目的】

1. 了解 Java 异常的概念和异常处理机制。
2. 掌握异常的类型和异常的处理方法。
3. 掌握自定义异常的编写方法。

【实验内容】

实验题目 1：编写程序，在 main()中使用 try 块抛出一个 Exception 类的对象，为 Exception 的构造方法提供一个字符串参数，在 catch 块内捕获该异常并打印出字符串参数。添加一个 finally 块并打印一条消息。

实验题目 2：编写程序，定义一个 static 方法 methodA()，令其声明抛出一个 IOException 异常，再定义另一个 static 方法 methodB()，在该方法中调用 methodA 方法，在 main()中调用 methodB 方法。试编译该类，看编译器会报告什么？对于这种情况应如何处理？由此可得到什么结论？

实验题目 3：创建一个自定义的 MyException 异常类，该类继承 Exception 类，为该类写一个构造方法，该构造方法带一个 String 类型的参数。写一个方法，令其打印出保存下来的 String 对象。再编写一个类，在 main()中使用 try-catch 结构创建一个 MyException 类的对象并抛出，在 catch 块中捕获该异常并打印出传递的 String 消息。

实验题目 4：编写程序，要求从键盘输入一个 double 型的圆的半径，计算并输出其面积。测试当输入的数据不是 double 型数据（如字符串“abc”）会产生什么结果，怎样处理。提示：使用 Scanner 对象输入数据。如果类型不正确将抛出 java.util.InputMismatchException 异常。

【思考题】

1. 运行时异常和非运行时异常有何不同？
2. 异常处理机制有哪些方法？如何定义自己的异常？

8.3 习题解析

1. Java 异常一般分为哪几类？试分别写出几个类的名称。

【答】 Java 异常一般分为两种类型：运行时异常，如 ArithemeticException、NullPointerException 等。非运行时异常，如 IOException、FileNotFoundException 等。

2. throws 和 throw 关键字各用在什么地方？有什么作用？

【答】 throws 用在方法定义时声明抛出异常；throw 用于明确抛出异常对象。

3. finally 结构中的语句在什么情况下才不被执行？

【答】 只有在 try 块中使用了 System.exit()语句时，finally 结构中的语句才不被执行。

4. 下面代码在运行时会产生什么异常？（　　）

```
String s;
int i = 5;
try{
   i = i / 0;
   s += "next";
}
```

A. ArithmeticException　　B. DivisionByException

C. FileNotFoundException　　D. NullPointerException

【答】 A、D。

5. 下面哪 4 种类型对象可以使用 throws 抛出？（　　）

A. Error　　B. Event　　C. Object

D. Exception　　E. Throwable　　F. RuntimeException

【答】 A、D、E、F。

6. 写出下列程序的输出结果。

```
public class Test{
  public static void main(String[] args){
     try{
       for(int i = 3; i >= 0; i--){
         System.out.println("The value of i:" + i);
         System.out.println(6 / i);
       }
     }catch(ArithmeticException ae){
       System.out.println("Divided by zero.");
     }
   }
 }
```

【答】

```
The value of i:3
2
The value of i:2
3
The value of i:1
6
The value of i:0
Divided by zero.
```

7. 有下列程序：

```
public class Test{
   public static void main(String[] args){
     String foo = args[1];
     String bar = args[2];
     String baz = args[3];
   }
}
```

若用下面方式执行该程序，baz 的值为（　　）。

```
java Test Red Green Blue
```

A. . baz 的值为 null　　　　B. baz 的值为 "Red"

C. 代码不能编译　　　　D. 程序抛出异常

【答】 D。

8. 有下列程序：

```
public class Foo{
  public static void method(int i){
      try{
        if(i > 0){
          return;
        }else{
          System.exit(1);
        }
      } finally{
        System.out.println("Finally");}
  }
  public static void main(String[] args){
     method(5);
     method(-5);
  }
}
```

该程序输出结果为（　　）。

A. 没有任何输出　　　　B. 输出“Finally”　　　　C. 编译错误

【答】 B。

9. 有下列程序：

```
import java.io.IOException;
public class Test{
  public static void methodA() {
    throw new IOException();
  }
  public static void main(String[] args){
```

```
    try{
      methodA();
    }catch(IOException e){
      System.out.println("Caught Exception");
    }
  }
}
```

该程序的输出结果为（　　）。

A. 代码不能被编译　　　　　　B. 输出 Caught Exception

C. 输出"Caught IOException"　　D. 程序正常执行，没有任何输出

【答】 A。

10. 有下列程序：

```
class MyException extends Exception{}
public class ExceptionTest{
  public void runTest() throws MyException{}
  public void test() ___________ {
    runTest();
  }
}
```

在划线处，加上下面哪个代码可以使程序能被编译？（　　）

A. throws Exception　　　　　　B. catch (Exception e)

【答】 A。

11. 修改下列程序的错误之处。

```
public class Test{
  public static void main(String[] args){
    try{
      int a = 10;
      System.out.println( a / 0);
    }catch(Exception e){
      System.out.println("产生异常.");
    }catch(ArithmeticException ae){
      System.out.println("产生算术异常.");
    }
  }
}
```

【答】 将两个 catch 块中的异常类名交换。

12. 写出下列程序的运行结果。

```
public class Test{
  public static String output = "";
```

```
    public static void foo(int i){
      try {
        if(i == 1){
          throw new Exception();
        }
        output += "1";
      }catch(Exception e){
        output += "2";
        return;
      }finally{
        output += "3";
      }
      output += "4";
    }
    public static void main(String[] args){
      foo(0);
      foo(1);
      System.out.println("output = "+output);
    }
  }
```

【答】 output = 13423。

13. 编写程序，要求从键盘输入一个 double 型的圆的半径，计算并输出其面积。测试当输入的数据不是 double 型数据（如字符串“abc”）会产生什么结果，怎样处理？

参考程序如下：

```
import java.util.*;
public class Test{
  public static void main(String args[]){
     Scanner sc = new Scanner(System.in);
     System.out.print("Input a radius:");
     try{
       double radius = sc.nextDouble();
       double area = Math.PI*radius*radius;
       System.out.printf("area = %.2f%n",area);
     }catch(InputMismatchException e){
       System.out.println(e);
       System.out.println("Number Format Error.");
     }
  }
}
```

当输入数据不是字符串时抛出 InputMismatchException 异常，程序中应对该异常处理。

14. 编写程序，在 main()中使用 try 块抛出一个 Exception 类的对象，为 Exception 的构造方法提供一个字符串参数，在 catch 块内捕获该异常并打印出字符串参数。添加一个

finally 块并打印一条消息。

参考程序如下：

```
public class Test{
  public static void main(String args[]){
     try{
        throw new Exception("demo exception");
     }catch(Exception e){
       System.out.println(e.getMessage());
     }finally{
        System.out.println("Program finished.");
     }
  }
}
```

15. 编写程序，定义一个 static 方法 methodA()，令其声明抛出一个 IOException 异常，再定义另一个 static 方法 methodB()，在该方法中调用 methodA 方法，在 main()中调用 methodB 方法。试编译该类，看编译器会报告什么？对于这种情况应如何处理？由此可得到什么结论？

参考程序如下：

```
public class Test{
    public static void methodA() throws IOException{
        System.out.println("In method A");
    }
    public static void methodB(){
        methodA();
        System.out.println("In method B");
    }
    public static void main(String args[]){
      methodB();
    }
}
```

16. 创建一个自定义的异常类，该类继承 Exception 类，为该类写一个构造方法，该构造方法带一个 String 类型的参数。写一个方法，令其打印出保存下来的 String 对象。再编写一个类，在 main()中使用 try-catch 结构创建一个 MyException 类的对象并抛出，在 catch 块中捕获该异常并打印出传递的 String 消息。

参考程序如下：

```
public class MyException extends Exception{
    public MyException() {
    }
    public MyException(String message){
     super(message);
```

```
    }
    public void output(){
       System.out.println(getMessage());
    }

    public static void main(String[] args){
       try{
           throw new MyException("My Exception.");
       }catch(MyException e){
           e.output();
           System.out.println(e.getMessage());
       }
    }
}
```

第9章 输入输出

9.1 本章要点

一个文件系统可以包含三类对象：文件、目录（也称文件夹）和符号链接（symbolic link）。当今的大多数操作系统都支持文件和目录，并且允许目录包含子目录。

FileSystem 表示一个文件系统，是一个抽象类，可以调用 FileSystems 类的 getDefault 静态方法来获取当前的文件系统。

```
FileSystem fileSystem = FileSystems.getDefault();
```

Path 对象在文件系统中表示一个路径，可以是一个文件、一个目录，也可以是一个符号链接，还可以表示一个根目录。用下面两种方法都可以返回 Path 对象。

```
Path p1 = Paths.get("D:\\study\\com\\Hello.java");
Path p2 = FileSystems. getDefault().
getPath("D:\\study\\com\\Hello.java");
```

使用 Path 接口的方法可以检索有关路径信息，如 getFileName 方法可返回路径中的文件名。

java.nio.file.Files 类功能非常强大。该类定义了大量的静态方法用来读、写和操纵文件和目录。Files 类主要操作 Path 对象。

使用 createDirectory()和 createFile()可以创建目录和文件，使用 delete()删除文件，exists()判断文件是否存在，size()返回文件大小，isDirectory()判断 Path 对象是否是目录，isReadable()、isWritable()、isExecutable()分别返回文件是否可读、可写和可执行。

除通过文件对数据操作外，Java 还支持流式 I/O，包括字节 I/O 流和字符 I/O 流。InputStream 类和 OutputStream 类分别是字节 I/O 流的根类，Reader 类和 Writer 类分别是字符 I/O 流的根类。

在 JDK 7 中若读取二进制文件可以采用下面方法：

```
Path path = Paths.get("src\\output.dat");
try(InputStream input = Files.newInputStream(path,
           StandardOpenOption.READ);
     BufferedInputStream buffered =
         new BufferedInputStream(input)  ){
       // 操作 input 输入流对象
}catch(IOException e){
       // 处理 e 的异常信息
}
```

若向文件中写入二进制数据，使用下面方法：

```
Path path = Paths.get("src\\output.dat");
try(OutputStream output = Files.newOutputStream(path,
            StandardOpenOption.CREATE, StandardOpenOption.APPEND);
    BufferedOutputStream buffered =
        new BufferedOutputStream(output)  ){
      // 操作 output 输出流对象
}catch(IOException e){
      // 处理 e 的异常信息
}
```

DataInputStream 和 DataOutputStream 类分别是数据输入流和数据输出流。使用这两个类可以实现基本数据类型的输入输出。PrintStream 类为打印各种类型的数据提供了方便。用该类对象输出的内容是以文本的方式输出，如果输出到文件中则可以用记事本浏览。使用 Scanner 类从键盘读取数据，是在创建 Scanner 对象时将标准输入设备 System.in 作为其构造方法的参数。

字符 I/O 流 BufferedReader 类和 BufferedWriter 类分别实现了具有缓冲功能的字符输入输出流。这两个类用来将其他的字符流包装成缓冲字符流，以提高读写数据的效率。

可使用 BufferedReader 类和 BufferedWriter 类的构造方法创建字符输入输出流对象，还可以使用 Files 类的 newBufferedReader()和 newBufferedWriter()创建这两个对象，格式如下。

```
public static BufferedReader newBufferedReader(Path path, Charset charset)
public static BufferedWriter newBufferedWriter(Path path,
                                    Charset charset, OpenOption…options)
```

InputStreamReader 和 OutputStreamWriter 是字节流与字符流转换的桥梁。前者实现将字节输入流转换为字符输入流，后者实现将字符输出流转换为字节输出流。

SeekableByteChannel 对象实现随机存取的文件对象。SeekableByteChannel 对象实际是在 ByteBuffer 上操作，该类提供了读写各种基本类型数据的方法。

将程序中的对象输出到外部设备中称为对象的序列化，从外部设备中将对象读入程序称为对象的反序列化。序列化对象的类必须实现 Serializable 接口。序列化对象需要使用 ObjectOutputStream 类的 writeObject 方法，反序列化对象需要使用 ObjectInputStream 类的 readObject 方法。

9.2 实验指导

【实验目的】

1. 了解和掌握 Path 类和 Files 类的使用。

2. 掌握字节输入输出流类的使用，其中包括 InputStream、OutputStream 类，DataInputStream、DataOutputStream、BufferedInputStream、BufferedOutputStream 和 PrintStream 类。

3. 掌握字符输入输出流类的使用，其中包括 InputStreamReader、OutputStreamWriter、PrintWriter 等类的使用。

4. 了解 ObjectInputStream、ObjectOutputStrema 类和 SeekableByteChannel 类的使用。

【实验内容】

实验题目 1：DataInputStream 和 DataOutputStream 类的使用。

（1）编写程序，随机生成 100 个 1000～2000 之间的整数，将它们写到一个文件 out.dat 中。写出数据要求使用 DataOutputStream 类的 writeInt(int i)方法。

（2）编写程序，要求从上题得到的 out.dat 中读出 100 个整数，程序中按照从小到大的顺序对这 100 个数排序，在屏幕上输出，同时写到同一个名为 sort.dat 的文件中。读出数据使用 DataInputStream 的 readInt 方法。

实验题目 2：PrintStream 类的使用。

随机产生 100 个 100～200 之间的整数，然后使用 PrintStream 对象输出到文件 output.txt 中。

实验题目 3：编写程序，要求从键盘上读取一个整数、一个浮点数和一个字符串，将它们写到一个文本文件中，然后通过程序读出这些数据，在屏幕上显示出来。

要求：写出数据使用 PrintWriter 类的 println 方法，读入数据使用 BufferedReader 类的 readLine 方法实现。

实验题目 4：定义一个 Student 类，然后编写程序使用对象输出流将一个 Student 对象和一个字符串对象写入 student.dat 文件中，使用对象输入流读出对象。

【思考题】

1. 如何理解文本文件和二进制文件？
2. 字节流和字符流有什么不同？
3. 如何理解对象序列化？

9.3 习 题 解 析

1. 要得到一个 Path 对象可使用哪两种方法？

【答】 一是使用 FileSystem 对象的 getPath 方法；二是使用 Paths 类的 get 方法。

2. 使用 createDirectory(Path dir)创建一个目录，若该目录已存在，将抛出（　　）异常。

A. FileAlreadyExistsException　　B. NoSuchFileException
C. DirectoryNotEmptyException　　D. DirectoryAlreadyExistsException

【答】 A。

3. 若要删除一个文件，使用下面哪个类比较合适？（　　）

A. FileOutputStream　　B. File　　C. RandomAccessFile　　D. Files

【答】 D。

4. 文件 debug.txt 在文件系统中不存在，执行下列代码后哪个选项是正确的？（　　）

```
Path file = Paths.get("D:\\study\\debug.txt");
  try (InputStream in = Files.newInputStream(
                          file,StandardOpenOption.READ)){
          // 操作 in 对象
    }catch (IOException e) {
          e.printStackTrace();
    }
```

A. 代码不能编译
B. 代码能够运行并创建 debug.txt 文件
C. 代码运行时抛出 NoSuchFileException 异常
D. 代码运行时抛出 FileNotFoundException 异常

【答】 C。

5. 文件 debug.txt 在文件系统中不存在，执行下列代码后哪个选项是正确的？（　　）

```
Path file = Paths.get("D:\\study\\debug.txt");
  try (OutputStream out = Files.newOutputStream(
                          file,StandardOpenOption.CREATE)){
          // 操作 out 对象
    }catch (IOException e) {
          e.printStackTrace();
    }
```

A. 代码不能编译
B. 代码能够运行并创建 debug.txt 文件
C. 代码运行时抛出 NoSuchFileException 异常
D. 代码运行时抛出 FileNotFoundException 异常

【答】 B。

6. 一个类要具备什么条件才可以序列化？（　　）

A. 继承 ObjectStream 类　　B. 具有带参数构造方法
C. 实现 Serializable 接口　　D. 定义了 writeObject()方法

【答】 C。

7. 编写程序，程序执行后将一个指定的文件删除。如果该文件不存在，要求给出提示。参考程序如下：

```
import java.io.*;
import java.nio.file.*;

public class RenameFile{
   public static void main(String args[]){
```

```
        Path file = Paths.get("D:\\study\\backup.txt");
        try{
        if(Files.notExists(file)){
            System.out.println("文件不存在！");
          }else{
            Files.delete(file);
            System.out.println("文件被删除！");
          }
        }catch(IOException e){
        e.printStackTrace();
        }
    }
}
```

8. 编写程序，使用 Files 类的有关方法实现文件改名，要求源文件不存在时给出提示，目标文件存在也给出提示。

参考程序如下：

```
import java.io.*;
import java.nio.file.*;

public class RenameFile{
   public static boolean renameFile(Path path1,Path path2)
        throws NoSuchFileException,FileAlreadyExistsException{
       if(Files.notExists(path1)){
          throw new NoSuchFileException(path1.toString());
       }
       if(Files.exists(path2)){
             throw new FileAlreadyExistsException(path2.toString());
       }
       try{
           Files.copy(path1, path2,StandardCopyOption.COPY_ATTRIBUTES);
           Files.delete(path1);
           return true;
       }catch(IOException e){
           e.printStackTrace();
           return false;
       }
    }
    public static void main(String args[]){

      Path source = Paths.get("D:\\study\\debug.txt");
      Path target = Paths.get("D:\\study\\backup.txt");
      try{
      if(renameFile(source,target)){
         System.out.println("Rename File Successful.");
      }else{
         System.out.println("Rename File Error.");
```

```
            }
        }catch(IOException e){
            e.printStackTrace();
        }
    }
}
```

提示：更简单的方法是使用 move 方法。

9. 编写程序，要求从命令行输入一个目录名称，输出该目录中所有子目录和文件。

参考程序如下：

```
public class DirFile{
    public static void main(String[] args){
        Path path = Paths.get(args[0]);
        try (
            DirectoryStream<Path> children =
                Files.newDirectoryStream(path)){
            for(Path child:children){
                System.out.println(child.toString());
            }
        }catch (IOException e) {
            e.printStackTrace();
        }
    }
}
```

10. 编写程序，读取一指定小文本文件的内容，并在控制台输出。如果该文件不存在，要求给出提示。

参考程序如下：

```
import java.io.*;
import java.nio.charset.Charset;
import java.nio.file.*;
import java.util.*;

public class ReadFile{
    public static void main(String[] args){
        Path path = Paths.get("D:\\study\\speech.txt");
        Charset charset = Charset.forName("UTF-8");
        List<String> linesRead = null;

        try {
            if(Files.notExists(path)){
                throw new NoSuchFileException("File does not exists.");
            }
            linesRead = Files.readAllLines(path,charset);
        }catch (IOException e) {
```

```
            e.printStackTrace();
         }
        if(linesRead !=null){
            for(String line:linesRead){
                System.out.println(line);
            }
        }
    }
}
```

11. 编写程序，统计一个英文文本文件 article.txt 中的字符（包括空格）数、单词数和行的数目。

参考程序如下：

```
import java.io.*;
import java.nio.charset.Charset;
import java.nio.file.*;
import java.util.*;

public class WordsCount{
    public static void main(String[] args){
        Path path = Paths.get("D:\\study\\article.txt");
        Charset charset = Charset.forName("UTF-8");
        List<String> linesRead = null;
        int charCount=0;      // 字符数
        int wordsCount=0;     // 单词数
        int lineCount=0;      // 行数

        try {
            if(Files.notExists(path)){
                throw new NoSuchFileException("File does not exists.");
            }
            linesRead = Files.readAllLines(path,charset);
        }catch (IOException e) {
            e.printStackTrace();
         }
        if(linesRead !=null){
            for(String line:linesRead){
                charCount = charCount + line.length();
                String[] words=line.split("[ ,.]");
                wordsCount = wordsCount + words.length;
                lineCount = lineCount + 1;
            }
        }
        System.out.println("charCount = "+charCount);
        System.out.println("wordsCount = "+wordsCount);
        System.out.println("lineCount = "+lineCount);
    }
}
```

12. 编写程序，随机生成 10 个 1000～2000 之间的整数，将它们写到一个文件 data.dat 中，然后从该文件中读出这些整数。要求使用 DataInputStream 和 DataOutputStream 类实现。

参考程序如下：

```
import java.io.*;
import java.nio.file.*;

public class NumberReadWrite{
  public static void main(String args[]) throws IOException{
      // 生成 10 个整数，并写到 data.dat 文件中
      Path path = Paths.get("D:\\study\\data.dat");
      try(OutputStream output = Files.newOutputStream(path,
                                StandardOpenOption.CREATE);
         DataOutputStream dataOutStream = new DataOutputStream(
                new BufferedOutputStream(output))  ){

          // 操作 dataOutStream 输出流对象
          for(int i = 0;i<10;i++){
              int num = (int)(Math.random()*1001)+1000;
              dataOutStream.writeInt(num);
          }
      }catch(IOException e){
          e.printStackTrace();
      }

      // 从 data.dat 文件中读出 10 个整数
      try(InputStream input = Files.newInputStream(path,
               StandardOpenOption.READ);
          DataInputStream dataInStream = new DataInputStream(
               new BufferedInputStream(input))  ){
          // 操作 dataInStream 输入流对象
          int data[] = new int[10];
          for(int i =0;i<10;i++){
              data[i]=dataInStream.readInt();
              System.out.println(data[i]);
          }
      }catch(IOException e){
          e.printStackTrace();
      }
  }
}
```

13. 编写程序，比较两个指定的文件内容是否相同。

参考程序如下：

```
import java.io.IOException;
import java.io.InputStream;
import java.nio.file.Files;
```

```java
import java.nio.file.Path;
import java.nio.file.NoSuchFileException;
import java.nio.file.Paths;
import java.nio.file.StandardOpenOption;

public class FileCompareDemo {
    public static boolean compareFiles(Path path1,Path path2)
            throws NoSuchFileException{
        if(Files.notExists(path1)){
            throw new NoSuchFileException(path1.toString());
        }
        if(Files.notExists(path2)){
            throw new NoSuchFileException(path2.toString());
        }
        try{
            if(Files.size(path1)!=Files.size(path2)){
                return false;
            }
        }catch(IOException e){
            e.printStackTrace();
        }
        try(InputStream inputStream1 = Files.newInputStream(path1,
                StandardOpenOption.READ);
            InputStream inputStream2 = Files.newInputStream(path2,
                        StandardOpenOption.READ)){
            int i1,i2;
            do{
                i1 = inputStream1.read();
                i2 = inputStream2.read();
                if(i1 !=i2){
                    return false;
                }
            }while(i1!=i2);
            return true;
        }catch(IOException e){
            return false;
        }
    }

    public static void main(String[]args){
        Path path1 = Paths.get("D:\\study\\speech.txt");
        Path path2 = Paths.get("D:\\study\\backup.txt");
        try{
            if(compareFiles(path1,path2)){
                System.out.println("文件相同.");
            }else{
                System.out.println("文件不相同.");
            }
        }catch(NoSuchFileException e){
            e.printStackTrace();
```

```
        }
        // 文件比较与同一个文件不同
        try{
            System.out.println(Files.isSameFile(path1, path2));
        }catch(IOException e){
            e.printStackTrace();
        }
    }
}
```

14. 编写实现简单加密的程序，要求从键盘上输入一个字符，输出加密后的字符。加密规则是输入 A，输出 Z；输入 B，输出 Y；输入 a，输出 z；输入 b，输出 y。

参考程序如下：

```
import java.io.*;
public class Encipher{
   public static void main(String args[]) throws IOException{
      int i=0;
      System.out.print("Enter a character:");
      i=System.in.read();
      if(i<65||i>90&&i<97||i>122)
         System.out.println("Error:");
      if(i>=65&&i<=90)
         i=155-i;
      if(i>=97&&i<=122)
         i = 219 - i;
      System.out.println("Result:"+(char)i);
   }
}
```

15. 定义一个 Employee 类，编写程序使用对象输出流将几个 Employee 对象写入 employee.ser 文件中，然后使用对象输入流读出这些对象。

参考程序如下：

```
// Employee 类的定义
import java.io.Serializable;
public class Employee implements Serializable {
   public int id;
   public String name;
   public double salary;

   public Employee(int id, String name, double salary) {
      this.id = id;
      this.name = name;
      this.salary = salary;
   }
}
```

```
// ObjectSerialDemo 类的定义
import java.io.*;
import java.nio.file.*;

public class ObjectSerialDemo {
  public static void main(String[]args){
  Path path = Paths.get("D:\\study\\objectOutput");
  Employee emp = new Employee(101,"Jack",5800.50),
           emp2 = new Employee(102,"LiMing",4300.00);
  // 序列化
  try(OutputStream output = Files.newOutputStream(path,
          StandardOpenOption.CREATE);
      ObjectOutputStream oos = new ObjectOutputStream(output)){
      oos.writeObject(emp);
      oos.writeObject(emp2);
  }catch(IOException e){
      e.printStackTrace();
  }
  //反序列化
  try(InputStream input = Files.newInputStream(path,
          StandardOpenOption.READ);
      ObjectInputStream ois = new ObjectInputStream(input)){
     while(true){
       try{
           Employee employee = (Employee)ois.readObject();
           System.out.println("ID:"+employee.id);
           System.out.println("Name:"+employee.name);
           System.out.println("Salary:"+employee.salary);
       }catch(EOFException e){
           break;
       }
     }
  }catch(ClassNotFoundException | IOException e){
      e.printStackTrace();
  }
  }
}
```

第10章 集合与泛型

10.1 本 章 要 点

在编写面向对象的程序时，经常要用到一组类型相同的对象，如一个班级的所有学生对象。可以使用数组来存放这些对象，但使用数组的缺点是一经定义便不能改变大小。因此，从 Java 2 开始提供了一个集合框架，该框架定义了一套接口和类，使得处理对象组更容易了。

泛型是 Java 5 引进的一个新特征，是类和接口的一种扩展机制，主要实现参数化类型机制。使用该机制，程序员可以编写更安全的程序。同时，Java 5 对 Java 集合 API（collections API）中的接口和类都进行了泛型化。

Java 集合框架主要由接口和实现类构成。Collection 接口是所有集合的根接口，Map 接口是“键/值”对映射的根接口。

这些接口分别有若干实现类。Set 接口的实现类有 HashSet、LinkedHashSet 和 TreeSet。List 接口的实现类有 ArrayList、LinkedList、Vector 和 Stack 等。Queue 接口的实现类有 LinkedList 和 PriorityQueue。Map 接口的实现类有 HashMap、LinkedHashMap、TreeMap 和 Hashtable 等。A rrays 类和 Collections 类分别提供了对数组和集合对象的实用操作功能。

在使用集合时，迭代集合是最常见的任务。有两种方法迭代集合：使用 Iterator 和使用增强 for 循环。

在集合对象上调用 iterator 方法可返回一个 Iterator 对象，它有 hasNext()、next()和 remove()三个方法。

假设 myList 是要迭代的一个 ArrayList。以下代码使用 while 语句迭代并输出集合的每个元素：

```
Iterator iterator = myList.iterator();
while(iterator.hasNext()){
   String element = iterator.next();
   System.out.println(element);
}
```

如果使用增强的 for 循环迭代集合，代码如下：

```
for(Object object: myList){
   System.out.println(object);
}
```

对象比较和排序。在面向对象编程中，同一个类的实例之间经常需要进行比较。若实例可以比较，它们就可以进行排序。例如，假如有两个 Employee 实例，可能要求按照年龄进行排序，或在查找 Employee 的应用中，要求按姓名顺序输出。通过实现 java.lang.Comparable 和 java.util.Comparator 接口，可以使对象成为可比较的。

```
public class Employee implements Comparable<Employee>{
   private String name;
   private int age;
   private double salary;

   public Employee(String name,int age,double salary) {
      this.name = name;
      this.age = age;
      this.salary = salary;
   }
   // 实现了 compareTo()方法
   public int compareTo(Employee obj){
      return this.age-obj.age;
   }
}
```

类实现了 Comparable 接口，该类对象的集合就可以根据 compareTo 方法进行排序。例如：

```
Employee[] myList = new Employee[2];
myList[0] = new Employee("LiMing",20,3000);
myList[1] = new Employee("WangYue",18,1800);
Arrays.sort(myList);  // 对 myList 排序
for(Employee emp:myList){
  System.out.println(emp.name + emp.age);
}
```

如果一个类已实现了 Comparable 接口，而又想让对象以另外的方式比较（如对 Employee 类按姓名比较）。在这种情况下，可以创建一个 Comparator 对象，用它定义两个对象如何比较。该接口定义了 compare 方法。

泛型是 Java 5 新增加的功能。泛型是参数化的类型，它的优点是在编译时执行严格的类型检查。此外，泛型在使用集合时避免了类型转换。

泛型最多的应用是在集合中。下面语句使用泛型声明一个 List 对象和一个 Map 对象：

```
List<String> myList = new ArrayList<>();
Map<Integer,String> myMap = new HashMap<>();
```

这里，用尖括号来指定集合中存放的对象类型。在创建对象时使用的<>是 Java 7 新增的菱形语法。在这种情况下，编译器可以推断出集合中存放的元素类型。

使用“?”通配符。泛型类型本身也是一个 Java 类型，就像 java.lang.String 和 java.util.Date 一样，将不同的类型参数传递给一个泛型类型会产生不同的类型。例如，下面的 list1 和 list2 就是不同的类型对象。

```
List<Object> list1 = new ArrayList<>();
```

```
List<String> list2 = new ArrayList<>();
```

尽管 String 类是 Object 类的子类，但 List<String>与 List<Object>却没有关系，List<String>并不是 List<Object>的子类型。因此，把一个 List<String>对象传递给一个需要 List<Object>对象的方法，将会产生一个编译错误。请看下面代码。

```
public static void printList(List<Object> list){
   for(Object element : list){
      System.out.println(element);
   }
}
```

该方法的功能是打印传递给它的一个列表的所有元素。如果传递给该方法一个 List<String>对象，将发生编译错误。如果要使上述方法可打印任何类型的列表，可将其参数类型修改为：

```
List<?> list
```

这里，问号（?）就是通配符，表示该方法可接受任何类型的 List 对象。

10.2 实验指导

【实验目的】

1. 掌握 Java 集合框架的接口和类的使用。
2. 重点掌握 ArrayList、HashSet、TreeSet、HashMap 和 TreeMap 类的使用。
3. 掌握集合中元素的访问方法，掌握对象顺序的概念及如何实现 Comparable 接口。
4. 了解 Arrays 类和 Connections 类的常用方法的使用。了解 Java 泛型的概念。

【实验内容】

实验题目 1：编写程序，将 5 个 Integer 对象存放到 ArrayList 对象中，然后按正序和倒序访问其中的每个元素。

实验题目 2：掌握集合元素的访问方法。

（1）编写程序，随机生成 20 个一位数，将它们分别添加到 HashSet 对象和 TreeSet 对象中。

（2）使用增强的 for 循环访问集合中的每个元素。

（3）使用 Iterator 迭代器访问集合中的每个元素。为什么集合中的元素不是 20 个？

实验题目 3：掌握对象顺序的实现。

（1）定义表示员工的 Employee 类，其中包括 empid 和 ename 成员分别表示员工号和员工姓名，为该类定义一个带两个参数的构造方法。定义该类实现 Comparable 接口，实现其中的 compareTo()方法实现员工按员工号大小比较。

（2）编写程序，创建 5 个员工对象，将它们存放到一个 TreeSet 对象中，输出每个员工信息，看是否是按顺序存放的。

实验题目 4：编写程序，将 5 个 Integer 对象分别存放到栈（使用 Stack 类）和队列（使用 LinkedList 类）对象中，然后访问其中的每个对象。

实验题目 5：编写程序，将若干个员工对象存放到 HashMap 和 TreeMap 对象中，其中，员工号 empid 作为键，员工姓名 ename 作为值。然后访问其中的对象。

实验题目 6：编写程序，定义一个整型数组。使用 Arrays 类的方法对数组中元素排序，然后使用 binarySearch 方法从数组中查找指定元素。

【思考题】

1. 何时使用集合对象存储数据？
2. 如何理解 Java 泛型的概念？

10.3 习 题 解 析

1. 如果要求其中不能包含重复的元素，使用哪种结构存储最合适？（　　）

A. Collection　　B. List　　C. Set

D. Map　　E. Vector

【答】 C。

2. 有下列一段代码，下面哪些语句可以确定"cat"包含在列表 list 中？（　　）

```
ArrayList<String> list = new ArrayList<>();
list.add("dog");
list.add("cat");
list.add("horse");
```

A. list.contains("cat")　　B. list.hasObject("cat")

C. list.indexOf("cat")　　D. list.indexOf(1)

【答】 A、C。

3. 有下列一段代码，执行后输出结果为（　　）。

```
TreeSet<String> mySet = new TreeSet<>();
mySet.add("one");
mySet.add("two");
mySet.add("three");
mySet.add("four");
mySet.add("one");
Iterator<String> it = mySet.iterator();
while(it.hasNext()){
   System.out.println(it.next()+" ");
}
```

A. one two three four　　B. four three two one

C. four one three two　　D. one two three four one

【答】 C。

4. 下面哪个可以产生一个元素序列，然后可以使用 nextElement 方法检索序列中的连续元素？（　　）

A. Iterator　　B. Enumeration　　C. ListIterator
D. Collection　　E. HashMap

【答】 B。

5. 下列程序的运行结果为（　　）。

```
import java.util.*;
public class SortOf{
   public static void main(String[]args){
      ArrayList<String> a = new ArrayList<>();
      a.add(1); a.add(5); a.add(3);
      Collections.sort(a);
      a.add(2);
      Collections.reverse(a);
      System.out.println(a);
   }
}
```

A. [1, 2, 3, 5]　　B. [2, 1,3, 5]
C. [2, 5, 3, 1]　　D. [1, 3, 5, 2]

【答】 C。

6. 编写程序实现一个对象栈类 MyStack<T>，要求使用 ArrayList 类实现该栈，该栈类的 UML 图如图 10-1 所示。

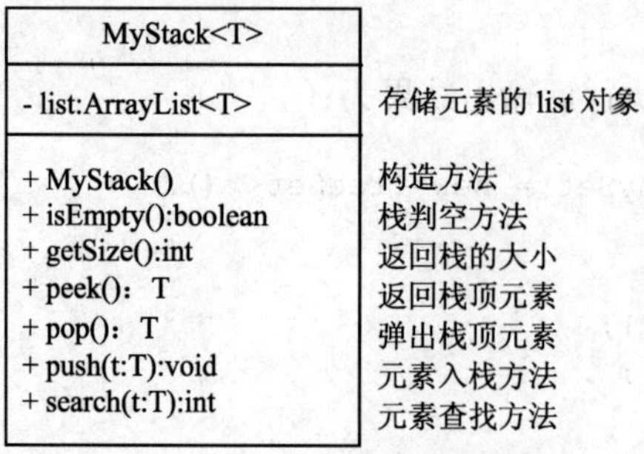

MyStack<T>	
- list:ArrayList<T>	存储元素的 list 对象
+ MyStack()	构造方法
+ isEmpty():boolean	栈判空方法
+ getSize():int	返回栈的大小
+ peek()：T	返回栈顶元素
+ pop()：T	弹出栈顶元素
+ push(t:T):void	元素入栈方法
+ search(t:T):int	元素查找方法

图 10-1　MyStack 类的 UML 图

参考程序如下：

```
import java.util.*;
public class MyStack<T> {
```

```
    private ArrayList<T> list;
    public MyStack(){
       list = new ArrayList<T>();
    }
    public void push(T obj){
        list.add(0, obj);        // 元素添加到栈顶
    }
    public T pop(){
        return list.remove(0);  // 删除栈顶元素
    }
    public T peek(){
       return list.get(0);
    }
    public int getSize(){
        return list.size();
    }
    public boolean isEmpty(){
        return list.isEmpty();
    }
    public int search(T t){
        return list.indexOf(t);
    }
    public static void main(String[]args){
        MyStack<Integer> intStack = new MyStack<>();
        intStack.push(new Integer(3));
        intStack.push(new Integer(5));
        intStack.push(new Integer(8));
        System.out.println(intStack.search(5));
        System.out.println(intStack.pop());
        System.out.println(intStack.pop());
        System.out.println(intStack.pop());
        System.out.println(intStack.isEmpty());
    }
}
```

7. 编写程序，随机生成10个两位整数，将其分别存入HashSet和TreeSet对象，然后将它们输出，观察输出结果的不同。

参考程序如下：

```
import java.util.*;
public class SetDemo{
  public static void main(String args[]){
    int elem[]=new int[10];
    HashSet<Integer> hs=new HashSet<>();
    TreeSet<Integer> ts=new TreeSet<>();
```

```
    for(int i=0;i<10;i++){
      elem[i]=(int)(Math.random()*90+10);
      hs.add(elem[i]);
      ts.add(elem[i]);
    }
    System.out.println(hs);
    System.out.println(ts);
  }
}
```

8. 编写一个类实现 Comparator 接口，使用该类对象实现 Student 对象按姓名顺序排序。

参考程序如下：

```
import java.util.*;
class Comp implements Comparator<Student>{
  public int compare(Student s1, Student s2){
    if(s1.name.compareTo(s2.name)<0)
      return -1;
    else if(s1.name.compareTo(s2.name)>0)
      return 1;
    else return 0;
  }
}
public class Student implements Comparable{
  int id;
  String name;
  public Student(int id,String name){
    this.id=id;
    this.name=name;
  }
  public int compareTo(Object o){
     Student s = (Student)o;
     return ((this.id<s.id)?-1:(this.id==s.id?0:1));
  }
  public String toString(){
    return "["+this.id+","+this.name+"]";
  }
  public static void main(String args[]){
    Student[] stud=new Student[]{
         new Student(1002,"Wang"),
         new Student(1003,"Zhang"),
         new Student(1001,"Zhou")};
    Set<Student> ts = new TreeSet<> (new Comp());
    for(int i =0; i< stud.length; i ++)
       ts.add(stud[i]);
    System.out.println(ts);
  }
}
```

9. 有下列程序：

```
import java.util.*;
public class FindDups2 {
  public static void main(String[] args) {
    Set<String> uniques = new HashSet<>();
    Set<String> dups = new HashSet<>();
    for (String a : args)
       if (!uniques.add(a))
          dups.add(a);
    // 去掉重复的单词
    uniques.removeAll(dups);
    System.out.println("不重复的单词: " + uniques);
    System.out.println("重复的单词: " + dups);
  }
}
```

如果运行该程序时给定的命令行参数为 i came i saw i left，程序运行结果如何？

【答】 输出结果为：

不重复的单词：[left, saw, came]
重复的单词：[i]

10. 编写程序，从一文本文件中读若干行，实现将重复的单词存入一个 Set 对象中，将不重复的单词存入另一个 Set 对象中。

设文本文件名为 proverb.txt，内容如下：

```
no pains,no gains.
well begun is half done.
where there is a will,there is a way.
```

参考程序如下：

```
import java.util.*;
import java.io.*;
public class FindDups {
   public static void main(String[] args) throws IOException {
     FileReader fr = new FileReader("proverb.txt");
     BufferedReader reader = new BufferedReader(fr);
     Set<String> uniques = new HashSet<>();
     Set<String> dups = new HashSet<>();
     String[] words = null;
     String line =null;
     while((line = reader.readLine())!=null){
        words = line.split("[ ,.]");
        for(String s : words){
           if(!uniques.add(s))
           dups.add(s);
        }
     }
```

```
        // 去掉重复的单词
        uniques.removeAll(dups);
        System.out.println("不重复的单词：" + uniques);
        System.out.println("重复的单词：" + dups);
        reader.close();
        fr.close();
    }
}
```

程序输出结果如下：

```
不重复的单词：[done, pains, half, way, well, where, begun, gains, will]
重复的单词：[is, no, a, there]
```

11. 有下面的类定义：

```
public class Animal{ }
public class Cat extends Animal { }
public class Dog extends Animal { }

public class AnimalHouse<E> {
  private E animal;
  public void setAnimal(E x) {
     animal = x;
  }
  public E getAnimal() {
     return animal;
  }
}
```

下面代码中产生编译错误的有（　　），出现编译警告的有（　　）。

A. AnimalHouse<Animal> house = new AnimalHouse<Cat>();

B. AnimalHouse<Dog> house = new AnimalHouse<Animal>();

C. AnimalHouse<?> house = new AnimalHouse<Cat>();
   house.setAnimal(new Cat());

D. AnimalHouse house = new AnimalHouse();
   house.setAnimal(new Dog());

【答】 编译错误的有 A、B、C，出现编译警告的有 D。

解析：

选项 A，尽管 Cat 是 Animal 的子类型，但 AnimalHouse<Cat>不是 AnimalHouse<Animal>的子类型。

选项 B，同 A。

选项 C，第一行正确。编译器不知道存储在房子中的动物，所以 setAnimal 方法不能使用。

选项 D，编译器不知道存储在房子中的是什么类型。它接受该代码，但在调用 setAnimal 方法时给出警告。

12. 下面的代码定义了一个媒体（Media）接口及其三个子接口：图书（Book）、视频（Video）和报纸（Newspaper），Library 类是一个非泛型类，请使用泛型重新设计该类。

```
import java.util.List;
import java.util.ArrayList;
interface Media { }
interface Book extends Media { }
interface Video extends Media { }
interface Newspaper extends Media { }
public class Library {
  private List resources = new ArrayList();
  public void addMedia(Media x) {
    resources.add(x);
  }
  public Media retrieveLast() {
    int size = resources.size();
    if (size > 0) {
      return (Media)resources.get(size - 1);
    }
    return null;
  }
}
```

【答】 编译该程序出现下面的警告信息：

```
注意：Library.java 使用了未经检查或不安全的操作。
注意：要了解详细信息，请使用 -Xlint:unchecked 重新编译。
```

使用泛型重新设计该类如下：

```
import java.util.List;
import java.util.ArrayList;
interface Media { }
interface Book extends Media { }
interface Video extends Media { }
interface Newspaper extends Media { }

public class Library<E extends Media> {
    private List<E> resources = new ArrayList<E>();
    public void addMedia(E x) {
        resources.add(x);
    }
    public E retrieveLast() {
        int size = resources.size();
        if (size > 0) {
            return resources.get(size - 1);
        }
        return null;
    }
}
```

第11章 嵌套类、枚举和注解

11.1 本 章 要 点

嵌套类是在一个类（或接口）的内部定义另一个类，可以增强类与类之间的关系。嵌套类有两种类型：静态嵌套类（static nested class）和非静态嵌套类（non-static nested class）。非静态嵌套类也称作内部类（inner class）。

内部类又分下面几种类型：

- 成员内部类（member inner class）；
- 局部内部类（local inner class）；
- 匿名内部类（anonymous inner class）。

顶层类（top level class）是指没有在另一个类或接口中进行定义的类。换句话说，顶层类的外部没有任何类把它包住。

与类的其他成员类似，可以使用 static 修饰嵌套类，这样的类称为静态嵌套类。在静态嵌套类的内部可以访问外层类的静态变量。创建静态嵌套类实例不需要创建外层类的实例。

成员内部类是没有用 static 修饰且定义在外层类的类体中。必须通过外层类的实例才能创建成员内部类的实例。

可以在方法体或语句块内定义类。在方法体或语句块 （包括方法、构造方法、局部块、初始化块或静态初始化块) 内部定义的类称为局部内部类。

可以将类的定义和实例的创建在一起完成，或者说在定义类的同时就创建一个实例。以这种方式定义的没有名字的类称为匿名内部类。

枚举类型是一种特殊的引用类型，它的声明和使用与类和接口有类似的地方。它可以作为顶层的类型声明，也可以像内部类一样在其他类的内部声明，但不能在方法内部声明枚举。下面代码定义一个 Directions 枚举类型表示 4 个方向：

```
private static enum Dirextions{
  EAST, SOUTH, WEST, NORTH
}
Directions direction = Directions.NORTH;
switch(direction){
  case EAST: System.out.println("东");break;
  case SOUTH: System.out.println("南");break;
  case WEST: System.out.println("西");break;
  case NORTH: System.out.println("北");break;
}
```

注解类型（annotation type）是 Java 5 新增的一个功能。注解以结构化的方式为程序元素提供信息，这些信息能够被外部工具（编译器、解释器等）自动处理。

Java 语言规范中定义了三个注解类型，供编译器使用。这三个注解类型定义在 java.lang 包中，分别为@Override、@Deprecated 和@SuppressWarnings。

元注解（meta annotation）是对注解进行标注的注解。在 java.lang.annotation 包中定义了下面 4 个注解类型：Documented、Inherited、Retention 和 Target。

除了可以使用 Java 类库提供的注解类型外，用户也可以定义和使用注解类型。注解类型的定义使用 interface 关键字，前面加上@符号。

```
public @interface CustomAnnotation{
   // …
}
```

11.2 实验指导

【实验目的】

1. 掌握静态嵌套类的定义和使用。
2. 掌握成员内部类的定义和使用。
3. 了解和掌握匿名内部类的定义和使用。
4. 了解枚举和注解的使用。

【实验内容】

实验题目 1：运行下面程序，理解静态嵌套类。

```
public class OuterClass{
    private static int x = 100;
    public static class StaticNestedClass{
       private String y = "hello";
       public void innerMethod(){
          System.out.println("x is "+x); // 可以访问 x
          System.out.println("y is "+y);
       }
    }
    public static void main(String[ ] args){
       OuterClass.StaticNestedClass snc =
              new OuterClass.StaticNestedClass();
       snc.innerMethod();
    }
}
```

完成下面的操作并回答问题：

（1）给出该程序编译后生成的类文件名。

（2）将上述程序中的 main()写在另一类中，程序是否能正确执行？这说明了什么？

（3）在 OuterClass 类中添加一个实例变量 m，如下所示：

```
private int m = 200;
```

然后要在 StaticNestedClass 类的 innerMethod 方法中将其值打印出来，如何编写代码？

（4）将 main()中创建 StaticNestedClass 对象的语句改为如下形式，是否可以？

```
OuterClass.StaticNestedClass snc =
        new OuterClass().new StaticNestedClass();
```

（5）如果去掉 StaticNestedClass 类的 static 修饰符，是否能用上述语句创建 StaticNestedClass 类对象。

实验题目 2：运行下面程序，理解成员内部类的使用。

```
public class TopLevel {
   private int value = 99;
   class Inner{
      int calculate(){
        return value + 1;
      }
   }
   public static void main(String[] args) {
     TopLevel topLevel = new TopLevel();
     TopLevel.Inner inner = topLevel.new Inner();
     System.out.println(inner.calculate());
   }
}
```

实验题目 3：运行下面程序，理解匿名内部类。

```
public class AnonymousDemo {
  // Printable 为内部接口
  public interface Printable {
     void print(String message);
  }

  public static void main(String[]args){
      Printable printer = new Printable(){
          public void print(String message){
               System.out.println(message);
          }
      };
      printer.print("Anonymous Class");
  }
}
```

（1）给出该程序编译后的所有类名。

（2）将 Printable 接口改为抽象类，print 方法改为抽象方法，重新运行程序。

实验题目 4：运行下面程序，理解枚举类型的使用。

```
import java.util.Scanner;

public class EnumDemo {
   // 枚举类型也可以在类的内部定义
   public enum Suit{
       SPADE,HEART,DIAMOND,CLUB;
   }
   public static void main(String[] args) {
      Scanner input = new Scanner(System.in);
      System.out.print("请输入纸牌花色：");
      String suit = input.next();
      Suit cardSuit = Suit.SPADE;

      switch(suit){
         case "黑桃": cardSuit = Suit.SPADE;break;
         case "红桃": cardSuit = Suit.HEART;break;
         case "方块": cardSuit = Suit.DIAMOND;break;
         case "梅花": cardSuit = Suit.CLUB;break;
      }
      System.out.println(cardSuit.toString());
   }
}
```

实验题目 5：自定义枚举类型 Color 表示三原色红（RED）、绿（GREEN）、蓝（BLUE），遍历输出全部枚举值及其在枚举类型中声明的顺序。

【思考题】

1. 有几种类型内部类？是否可以定义内部接口？

2. 成员内部类是否能够访问外层类的 private 成员，成员内部类中能否定义 static 成员？

11.3 习 题 解 析

1. 下面 Problem.java 程序不能通过编译，为什么？修改该程序使其能够编译。

```
public class Problem {
  String s;
  static class Inner {
      void testMethod() {
         s = "Set from Inner";
      }
  }
}
```

【答】 Inner 类是 static 类。不能访问外层类的非静态字段。要使程序能够编译，在成员 s 的声明前加上 static 即可。

2. 有下面类定义：

```
public class MyOuter{
  public static class MyInner{
      public static void foo(){}
  }
}
```

如果在其他类中创建 MyInner 类的实例，下面哪个是正确的？（　　）

A. MyOuter.MyInner mi = new MyOuter.MyInner();

B. MyOuter.MyInner mi = new MyInner();

C. MyOuter m = new MyOuter();

MyOuter.MyInner mi = m.new MyOuter.MyInner();

D. MyInner mi = new MyOuter.MyInner();

【答】 A。

3. 将下面选项的代码插入程序指定位置，哪两个是正确的？（　　）

```
public class OuterClass{
    private double dd = 1.0;
    //代码插入此处
}
```

A. static class InnerOne{

public double methodA(){return dd;} }

B. static class InnerOne{

static double methodA(){return dd;}}

C. private class InnerOne{

public double methodA(){return dd;}}

D. protected class InnerOne{

static double methodA(){return dd;}}

E. public abstract class InnerOne{

public abstract double methodA(); }

【答】 C、E。

4. 编译和执行下面的 MyClass 类，输出结果如何？

```
public class MyClass {
   protected InnerClass ic;
   public MyClass() {
     ic = new InnerClass();
   }
   public void displayStrings() {
     System.out.println(ic.getString() + ".");
     System.out.println(ic.getAnotherString() + ".");
```

```
    }
    // 内部类定义
    protected class InnerClass {
      public String getString() {
         return "InnerClass: getString invoked";
      }
      public String getAnotherString() {
         return "InnerClass: getAnotherString invoked";
      }
    }
    static public void main(String[] args) {
        MyClass c1 = new MyClass();
       c1.displayStrings();
    }
}
```

【答】 输出结果为：

```
InnerClass: getString invoked.
InnerClass: getAnotherString invoked.
```

5. 给定接口 Runnable 的定义：

```
public interface Runnable{
      void run();
}
```

下面哪个语句创建了匿名内部类的实例？（　　）

A. Runnable r = new Runnable(){}

B. Runnable r = new Runnable(public void run(){});

C. Runnable r = new Runnable {public void run(){}};

D. System.out.println(new Runnable(){public void run(){}});

E. System.out.println(new Runnable(public void run(){}));

【答】 D。

6. 给定下列代码，下面哪个是正确的？（　　）

```
1. public class HorseTest{
2.   public static void main(String args[]){
3.      class Horse{
4.        public String name;
5.        public Horse(String s){
6.          name = s;
7.        }
8.      }
9.     Object obj = new Horse("Zippo");
10.    Horse h = (Horse) obj;
11.    System.out.println(h.name);
12.   }
13. }
```

A. 第 10 行发生运行时异常
B. 输出 Zippo
C. 第 9 行发生编译错误
D. 第 10 行发生编译错误

【答】 B。

7. 定义一个名为 TrafficLight 的 enum 类型，包含三个常量：GREEN、RED 和 YELLOW 表示交通灯的三种颜色。通过 values 方法和 ordinal 方法循环并打印每一个值及其顺序值。编写一个 switch 语句，为 TrafficLight 的每个常量输出有关信息。

参考程序如下：

```
public enum TrafficLight{
  GREEN, RED, YELLOW;

  public static void main(String[]args){
    TrafficLight[] tl = TrafficLight.values();
    for(TrafficLight light:tl){
       System.out.print(light);
       System.out.println("  "+light.ordinal());
    }
    TrafficLight red = TrafficLight.RED;
    switch(red){
      case RED:
        System.out.println("RED, stop."); break;
      case GREEN:
        System.out.println("GREEN, go."); break;
      case YELLOW:
        System.out.println("YELLOW, do not know."); break;
    }
  }
}
```

8. 可以使用注解类型标注的程序元素有哪些？

【答】 可以给 Java 包、类型（类、接口、枚举）、构造方法、方法、成员变量、参数、局部变量及其他注解进行标注。

9. 下面代码为 Employee 类添加了 Author 注解，请编写程序定义该注解。

```
@Author(
   firstName="Zegang",
   lastName="SHEN",
   internalEmployee=true
)
public class Employee {
     // ...
}
```

参考程序如下：

```
import java.lang.annotation.Documented;
import java.lang.annotation.Retension;
import java.lang.annotation.RetensionPolicy;

@Documented
@Retension(RetensionPolicy.RUNTIME)
public @interface Author{
   String firstName();
   String lastName();
   boolean internalEmployee();
}
```

第12章 国际化与本地化

12.1 本章要点

在程序设计领域，在无须改写有关代码的前提下，让开发的应用程序能够支持多种语言和数据格式的技术称为国际化技术。引入国际化机制的目的在于提供自适应的、更友好的用户界面，而并不改变程序的其他功能/业务逻辑。

Locale 类的实例表示一个特定的地理、政治或文化区域。在涉及地区信息的操作中可使用该类对象为用户提供地区信息。如果一个操作需要 Locale 来执行它，则该操作称为是地区敏感的（locale-sensitive）。Java 类库中有很多类都包含地区敏感的方法。例如，Date、Calendar、DateFormat、NumberFormat 都是地区敏感的。又如，显示表示时间或日期的数据是一个地区敏感操作，应该根据用户地区的习惯来格式化。

TimeZone 抽象类表示时区偏量。

Date 类来获得当前时间，Calendar 类对象表示日历中某个特定时刻，GregorianCalendar 类是 Calendar 类的具体子类。

```
Calendar cal = Calendar.getInstance();
cal.set(2013,3,20);                          // 设置日期为 2013 年 4 月 20 日
Date d = cal.getTime();
System.out.println(d);
```

使用 DateFormat 类对 Date 格式化。调用其 getDateInstance()或 getDateTimeInstance()静态方法得到 DateFormat 类的对象后，就可以使用该类的 format()将 Date 对象格式化成字符串，调用该类的 parse()将字符串解析成一个 Date 对象。

```
Date date = new Date();
DateFormat df =DateFormat.getDateInstance();
String s = df.format(date);
System.out.println(s);                       // 输出 2013-3-6
try {
    df = DateFormat.getDateInstance(DateFormat.DEFAULT);
    date = df.parse("2013-08-02");           // 将字符串解析成日期
    System.out.println(date);                // 输出 Fri Aug 02 00:00:00 CST 2013
}catch (ParseException e) {
    System.out.println(e);
}
```

DateFormat 类是一个抽象类，它的一个具体的子类 SimpleDateFormat 类允许用户使用指定的模式格式化日期和时间。

NumberFormat 类可以格式化数字，该类提供了格式化和解析任何地区数字的方法。使用 NumberFormat 类的 getCurrency()可以得到 Currency 类的对象，用来表示货币对象。

Java 语言的设计从最初就是国际化的，其字符和字符串都采用 Unicode 编码。所以，在 Java 程序中很容易实现国际化。编写国际化应用程序需要将每个地区的文本元素保存到一个属性文件中，然后程序通过 java.util.ResourceBundle 对象选择和读取属性文件。

12.2 实验指导

【实验目的】

1. 掌握 Java 国际化程序设计的概念。
2. 掌握 Locale、TimeZone、Date、Calendar、DateFormat 和 NumberFormat 类的使用。
3. 掌握属性文件的创建和 ResourceBundle 类的使用。

【实验内容】

实验题目 1：运行下面程序：

```
import java.text.DateFormat;
import java.util.*;

public class DateTimeDemo {
    public static void main(String[] args) {
        GregorianCalendar calendar = new GregorianCalendar();
        DateFormat formatter = DateFormat.getDateTimeInstance(
            DateFormat.FULL,DateFormat.FULL,Locale.US);
        TimeZone timeZone = TimeZone.getTimeZone("CST");
        formatter.setTimeZone(timeZone);
        System.out.println("The locale time is "+
              formatter.format(calendar.getTime()));
    }
}
```

将 Locale.US 改为 Locale.CHINA，看结果有何不同？

实验题目 2：下面两个方法用来对数字和货币值进行格式化，编写程序测试这两个方法的使用。

```
public static void displayNumber(Locale currentLocale) {
    Integer quantity = new Integer(123456);
    Double amount = new Double(345987.246);
    NumberFormat numberFormatter;
    String quantityOut;
    String amountOut;
```

```
        numberFormatter = NumberFormat.getNumberInstance(currentLocale);
        quantityOut = numberFormatter.format(quantity);
        amountOut = numberFormatter.format(amount);
        System.out.println(quantityOut + "   " + currentLocale.toString());
        System.out.println(amountOut + "   " + currentLocale.toString());
    }

    public static void displayCurrency( Locale currentLocale) {
        Double currencyAmount = new Double(9876543.21);
        Currency currentCurrency = Currency.getInstance(currentLocale);
        NumberFormat currencyFormatter =
            NumberFormat.getCurrencyInstance(currentLocale);

        System.out.println(currentLocale.getDisplayName() + ", " +
            currentCurrency.getDisplayName() + ": " +
            currencyFormatter.format(currencyAmount));
    }
```

实验题目 3：图形界面程序国际化。本实验开发的程序可支持两种语言。

（1）首先定义三个属性文件，将其存放到 src 目录中。

MyResources_en_US.properties 英文属性文件，内容如下：

```
userName=User Name
password=Password
login=Login
```

MyResources_zh_CN.properties 中文属性文件，内容如下：

```
userName=\u7528\u6237\u540d
password=\u53e3\u4ee4
login=\u767b\u5f55
```

MyResources.properties 默认属性文件，内容如下：

```
userName=\u7528\u6237\u540d
password=\u53e3\u4ee4
login=\u767b\u5f55
```

（2）编写下面的程序，根据计算机所在的地区获得 ResourceBundle 对象并为 JLabel 和 JButton 提供本地化信息。

```
import java.util.Locale;
import java.util.ResourceBundle;
import javax.swing.*;
import java.awt.*;

public class I18NDemo {
```

```
    private static void constructGUI(){
      Locale locale = Locale.getDefault();
      ResourceBundle rb =
          ResourceBundle.getBundle("MyResources",locale);
      JFrame.setDefaultLookAndFeelDecorated(true);
      JFrame frame = new JFrame("I18N Demo");
      frame.setDefaultCloseOperation(JFrame.EXIT_ON_CLOSE);
      frame.setLayout(new GridLayout(3,2));
      // 标签文本使用属性文件中属性值
      frame.add(new JLabel(rb.getString("userName")));
      frame.add(new JTextField());
      frame.add(new JLabel(rb.getString("password")));
      frame.add(new JPasswordField());
      frame.add(new JButton(rb.getString("login")));
      frame.setSize(220,110);
      frame.setLocationRelativeTo(null);
      frame.setVisible(true);
    }
    public static void main(String[]args){
       SwingUtilities.invokeLater(new Runnable(){
          public void run(){
            constructGUI();
          }
       });
    }
}
```

当资源包名指定为 MyResources 或 MyResources_zh_CN 时运行程序，结果如图 12-1 所示，当在英文环境下运行或指定资源包为 MyResources_en_US 时，结果如图 12-2 所示。

图 12-1　中文环境登录界面

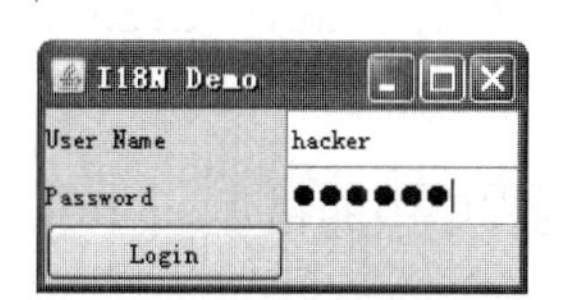

图 12-2　英文环境登录界面

实验题目 4：编写国际化程序，显示不同地区和时区的日期和时间信息，如中文（中国）和英文（美国）。

实验题目 5：创建贷款计算器，以地区敏感的格式显示数字。用户输入利率、年数和贷款总额，程序用百分数的形式显示利率，用普通数字格式显示年数，用货币格式显示贷款总额、总支付额和月支付额。

【思考题】

1. 如何理解地区敏感的操作？
2. 说明使用资源包实现应用程序国际化的步骤。

12.3 习题解析

1. 为一个 Calendar 对象设置时区 PST，如何编写代码？

参考代码如下：

```
TimeZone tz = TimeZone.getTimeZone("PST");
Calendar cal = Calendar.getInstance();
cal.setTimeZone(tz);
System.out.println(cal.getTime());
```

2. 要显示地区是法国的当前日期和时间，如何编写代码？

参考代码如下：

```
Calendar cal = Calendar.getInstance();
DateFormat df = DateFormat.getDateTimeInstance(
      DateFormat.FULL, DateFormat.FULL,Locale.FRANCE);
String date = df.format(cal.getTime());
System.out.println(date);
```

3. 使用 SimpleDateFormat 类以“yyyy.MM.dd hh:mm:ss”格式显示日期和时间，如何编写代码？

参考代码如下：

```
SimpleDateFormat =
   new SimpleDateFormat("yyyy.MM.dd hh:mm:ss ");
Date d = new Date();
String date = sdf.format(d);
System.out.println(date);
```

4. 修改下列程序中的错误。

```
import java.text.*;
public class DateOne {
  public static void main(String []args){
     Date d = new Date(1123631685981L);
     DateFormat df = new DateFormat();
     System.out.println(df.format(d));
  }
}
```

【答】 ① 程序中使用 Date 类，应添加一条 import 语句：

```
import java.util.Date;
```

② 要得到 DateFormat 实例，应使用 getDateInstance()方法，如下：

```
DateFormat df=DateFormat.getDate Instance();
```

5. 有下列程序，在空白处插入哪行代码可使程序能够编译和运行？（　　）

```
import java.text.NumberFormat;
public class Demo2{
   public static void main(String[] args) {
      NumberFormat nf;
      Number data = new Integer(222);
      ______________________________
      System.out.println(nf.format(data));
   }
}
```

A. nf = new NumberFormat();

B. nf = Number.getFormat();

C. nf = NumberFormat.getInstance();

D. nf = NumberFormat.getFormat();

【答】 C。

6. 有下列程序，如果要求输出结果如下，请将程序补充完整。

```
_____________
import java.util.*;
public class DateTest {
  public static void main(String[] args){
     Date d = new Date(1000000000000L);
      DateFormat[] dfa = new DateFormat[4];
     dfa[0] = DateFormat.getInstance();
     dfa[1] = DateFormat.getDateInstance();
     dfa[2] = DateFormat.getDateInstance(_____________);
     dfa[3] = DateFormat.getDateInstance(_____________);
     for(DateFormat df : dfa){
       System.out.println(_________);
     }
  }
}
```

程序输出结果为：

```
01-9-9 上午 9:46
2001-9-9
2001-9-9
2001 年 9 月 9 日 星期日
```

【答】程序中四个空应填为：

① import java.text.DateFormat;

② DateFormat.MEDIUM

③ DateFormat.FULL

④ df.fo1rmat(d)

7. 在资源属性文件的层次结构中，如果从一个派生的文件中找不到一个键，关于该键的返回值下面哪个是正确的？（　　）

A. 返回值是空字符串

B. 返回值是 null

C. 返回基本资源包的一个字符串

D. 抛出运行时异常

【答】C。

第 13 章 多线程基础

13.1 本章要点

Java 语言的一个重要特点是内在支持多线程的程序设计。多线程是指在单个的程序内可以同时运行多个不同的线程完成不同的任务。多线程的程序设计具有广泛的应用。

当 Java 应用程序的 main()开始运行时，JVM 就启动了一个线程，该线程负责创建其他线程，因此称为主线程。

在 Java 程序中创建多线程的程序有两种方法。一种是继承 Thread 类并覆盖其 run 方法；另一种是实现 Runnable 接口并实现其 run 方法。不管使用哪种方法，都应创建 Thread 类对象，然后调用其 start 方法启动线程。

一个线程从创建、运行到结束总是处于下面 6 种状态之一：新建状态（NEW）、可运行状态（RUNNABLE）、阻塞状态（BLOCKED）、等待（WAITING）状态、等待指定时间状态（TIMED_WAITING）和结束状态（TERMINATED）。

每个线程都有一个优先级，当有多个线程处于可运行状态时，线程调度器根据线程的优先级调度线程运行。

通常，是在线程体中通过一个循环来控制线程的结束。如果线程的 run 方法是一个确定次数的循环，则循环结束后，线程运行就结束了，线程进入终止状态。如果 run 方法是一个不确定循环，一般是通过设置一个标志变量，在程序中通过改变标志变量的值实现结束线程。

在很多情况下，多个线程需要共享数据资源，这就涉及线程的同步与对象锁的问题。Java 程序的每个对象都可以有一个对象锁，通过 synchronized 关键字实现。通常用该关键字修饰类的方法，这样的方法称为同步方法。任何线程在访问对象的同步方法时，首先必须获得该对象的锁，然后才能进入 synchronized 方法，这时其他线程就不能再同时访问该对象的同步方法了（包括其他的同步方法）。

如果类的方法使用了 synchronized 关键字修饰，则称该类是线程安全的，否则是线程不安全的。

在多线程的程序中，除了要防止资源冲突外，有时还要保证线程的同步。为了达到这一目的，在 Java 程序中可以采用监视器（monitor）模型，同时通过调用对象的 wait()和 notify()或 notifyAll()实现同步。

13.2 实验指导

【实验目的】

1. 掌握多线程的概念及线程实现的两种方法。
2. 掌握 Java 线程的状态及状态的改变。
3. 掌握对象锁和线程同步。

【实验内容】

实验题目 1：下面是一个多线程的程序：

```
public class SimpleThread extends Thread {
    public SimpleThread(String str) {
        super(str);
    }
    public void run() {
        for (int i = 0; i < 10; i++) {
            System.out.println(i + " " + getName());
            try {
                sleep((long)(Math.random() * 1000));
            } catch (InterruptedException e) {}
        }
        System.out.println("DONE! " + getName());
    }
}
public class TwoThreadsTest {
    public static void main (String[] args) {
        new SimpleThread("Jamaica").start();
        new SimpleThread("Fiji").start();
    }
}
```

（1）输入该程序并运行之，体会多线程程序的编写方法。

（2）将该程序改为通过实现 Runnable 接口的方式实现多线程。

实验题目 2：编写程序，创建并运行三个线程：第一个线程打印 100 次字母 a，第二个线程打印 100 次字母 b，第三个线程打印 1～100 的整数。

实验题目 3：编写多线程程序，实现两个人同时报数：一个人报阿拉伯数字；另一个人报英文数字。

【思考题】

1. 试述实现多线程有哪两种方法？
2. 如何理解对象锁？如何实现线程同步？

13.3 习 题 解 析

1. 判断下面叙述是否正确。

（1）一个线程对象运行的目标代码是由 run 方法提供的，但 Thread 类的 run 方法是空的，其中没有内容，所以用户程序要么继承 Thread 类并覆盖其 run 方法，要么使一个类实现 Runnable 接口，并实现其中的 run 方法。

（2）某程序中的主类不是 Thread 类的子类，也没有实现 Runnable 接口，则这个主类运行时不能控制主线程睡眠。

（3）一个正在执行的线程对象调用 yield 方法将把处理器让给与其同优先级的其他线程。

（4）下面的语句将线程对象 mt 的优先级设置为 12：

```
mt.setPriority(12);
```

（5）Java 语言的线程调度采用抢占式调度策略，即优先级高的线程可以抢占优先级低的线程获得处理器的时间。

（6）一个线程由于某种原因（如睡眠、发生 I/O 阻塞）从运行状态进入阻塞状态，当排除终止原因后即重新进入运行状态。

（7）一个线程因为 I/O 操作发生阻塞时，执行 resume()方法可以使其改变到可运行状态。

【答】 （1）正确 （2）错误 （3）正确 （4）错误 （5）正确 （6）错误 （7）错误。

2. 书写语句完成下列操作。

（1）创建一个名为 myThread 的线程对象 mt。

（2）创建线程对象 mt，它的 run 方法来自实现 Runnable 接口的类 RunnableClass。

（3）将线程对象 mt 的优先级设置为 3。

（4）获得当前正在运行的线程对象 mt 的名字。

【答】

（1）Thread mt = new Thread("myThread");

（2）Thread mt = new Thread(new RunnableClass());

（3）mt.setPriority(3);

（4）mt.getName();

3. Thread 类的哪个方法用来启动线程的运行？（　　）

A. run()　　B. start()　　C. begin()

D. run(Runnable r)　　E. execute(Thread t)

【答】 B。

4. 有下面代码：

```
Runnable target = new MyRunnable();
Thread myThread = new Thread(target);
```

若上述代码能够正确编译，MyRunnable 类应如何定义？（　　）

A. public class MyRunnable extends Runnable{
    public void run(){}
}

B. public class MyRunnable Object Runnable{
    public void run(){}
}

C. public class MyRunnable implements Runnable{
    public void run(){}
}

D. public class MyRunnable implements Runnable{
    public void start(){}
}

【答】　C。

5. 下面程序的一个可能输出结果为（　　）。

```
public class Messager implements Runnable{
  public static void main(String[] args){
    new Thread(new Messager("Tiger")).start();
    new Thread(new Messager("Lion")).start();
  }
  private String name;
  public Messager(String name){
    this.name = name;
  }
  public void run(){
    message(1);
    message(2);
  }
  public synchronized void message(int n){
    System.out.print(name+":"+n+" ");
  }
}
```

A. Tiger:1 Tiger:2 Lion:1　　　　B. Tiger:1 Lion:2 Tiger:2 Lion:1

C. Tiger:1 Lion:1 Lion:2 Tiger:2　　　　D. Tiger:1 Tiger:2

【答】　C。

6. 有下列程序：

```
public class Foo implements Runnable{
  public void run(Thread t){
    System.out.println("Running");
  }
  public static void main(String[] args){
     new Thread(new Foo()).start();
  }
}
```

程序运行结果如何？（　　）

A. 抛出一个异常

B. 程序没有任何输出而结束

C. 在程序的第 1 行发生编译错误

D. 在程序的第 2 行发生编译错误

E. 程序输出"Running"并结束

【答】 C。

7. 有下列程序：

```
public class X implements Runnable{
  public static void main(String[] args){
   __________________
  }
  public void run(){
    int x = 0, y =0 ;
    for( ; ; ){
      x++;
      y++;
      System.out.println("x="+x+",y="+y);
    }
  }
}
```

下面哪段代码放到下划线处可使 run 方法运行？（　　）

A. X x = new X();
   x.run();

B. X x = new X();
   new Thread(x).run();

C. X x = new X();
   new Thread(x).start();

D. Thread t = new Thread(x).run();

E. Thread t = new Thread(x).start()

【答】 A、B、C。

8. 有下列程序：

```
class A implements Runnable{
  public int i = 1;
  public void run(){
    this.i = 10;
  }
}
public class Test{
  public static void main(String[] args){
    A a = new A();
    new Thread(a).start();
    int j = a.i;
    System.out.println(j);
  }
}
```

在程序的输出语句中，变量 j 的值是多少？（　　）

A. 1　　　　B. 10

C. j 的值不能确定　　　　D. 1 或 10

【答】 C。

9. 阅读下列程序：

```
class Num{
  private int x = 0;
  private int y = 0;
  void increase(){
    x++;
    y++;
  }
  void testEqual(){
    System.out.println(x+","+y+":"+(x==y));
  }
}

class Counter extends Thread{
  private Num num;
  Counter(Num num){
    this.num = num;
  }
  public void run(){
    while(true){
      num.increase();
    }
  }
}

public class CounterTest{
```

```
  public static void main(String[] args){
    Num num = new Num();
    Thread count1 = new Counter(num);
    Thread count2 = new Counter(num);
    count1.start();
    count2.start();
    for(int i = 0; i<100; i++){
      num.testEqual();
      try{
        Thread.sleep(100);
      }catch(InterruptedException e){ }
    }
  }
}
```

用两种方法修改该程序，使 main()中 num.testEqual 方法输出的 x、y 值相等。

参考答案：程序修改方法如下。

方法一：在 Num 类的 increase 方法和 testEqual 方法前加上 synchronized 关键字。

方法二：将 Counter 类的 run 方法修改成如下形式。

```
public void run(){
    while(true){
       synchronized (num){
          num.increase();
       }
    }
}
```

同时将 main()中调用 num.testEqual()语句改成如下形式

```
synchronized (num){
   num.testEqual();
}
```

上述两种方法实际上都是使 num 对象获得对象锁。

第 14 章 图形用户界面

14.1 本 章 要 点

要想成为一名合格的 UI（user interface）程序员，必须学会三件事情：

- UI 组件。这包括顶层容器（JFrame、JDialog 等），以及可以添加到容器中的组件。
- 布局管理器。它决定如何在容器中布置组件。
- 事件处理。会编写响应事件的代码，如按钮单击、鼠标移动、调整窗口尺寸等。

在开发桌面用户界面时，有两种技术可用：抽象窗口工具包（AWT）和 Swing。AWT 已经过时，但还有一些类（如事件类、监听器接口）可以使用。Swing 作为一种技术是成熟的和完整的。Swing 组件存放在 javax.swing 包中。

除了三个顶层容器 JFrame、JDialog 和 JApplet 外，所有的 Swing 组件都必须放在一个容器中。通常使用 JFrame 作为 Swing 应用程序的主容器。JDialog 表示一个对话框，是一个用来与用户交互的窗口。JApplet 是 java.applet.Applet 的一个子类，用来开发使用 Swing 组件的 Java 小应用程序。

每一个容器（如 JFrame 和 JDialog）都需要用一个 java.awt.LayoutManager 对象来管理其中的组件，该对象就是布局管理器。LayoutManager 会调整容器中组件的大小和位置。通过 Container 类的 setLayout 方法设置布局管理器。

```
frame.setLayout(new BorderLayout());
```

常用的布局管理器如下：

- BorderLayout；
- FlowLayout；
- GridLayout；
- CardLayout；
- GridBagLayout；
- BoxLayout；
- SpringLayout。

如果使用布局管理器不能满足需要，可以尝试组件绝对定位。先使用 setLayout(null) 方法设计容器不使用布局管理器，然后调用组件的 setBounds 方法将组件绝对定位到容器中。不推荐使用这种方法。

Swing 是事件驱动的。组件可以触发事件，并且可以编写代码来处理事件。这种事件驱动性是 Swing 应用程序与用户交互的基础。

在 Java 事件模型中，主要涉及三种对象：

- 事件源，是发生状态变化的对象，如按钮等。
- 事件对象，将状态变化封装在事件源中。
- 事件监听器，是要被告知事件源状态发生变化的对象。

下面程序演示了 BoxLayout 布局管理器的使用、事件的处理机制等。

```
import javax.swing.*;
import java.awt.*;
import java.awt.event.*;

public class BoxLayoutDemo extends JFrame{
   JPanel panel = new JPanel(),panel2= new JPanel();
   JButton jButton1 = new JButton("红色"),
        jButton2 = new JButton("绿色"),
        jButton3 = new JButton("蓝色"),
        jButton4 = new JButton("黄色");
   public BoxLayoutDemo(){
      super("Box Layout Demo");
      BoxLayout layout = new BoxLayout(panel,BoxLayout.Y_AXIS);
      panel.setLayout(layout);
      panel.add(jButton1);panel.add(jButton2);
      panel.add(jButton3);panel.add(jButton4);
      add(panel2,BorderLayout.CENTER);
      add(panel,BorderLayout.LINE_END);
      ButtonClickListener listener = new ButtonClickListener();
      jButton1.addActionListener(listener);
      jButton2.addActionListener(listener);
      jButton3.addActionListener(listener);
      jButton4.addActionListener(listener);
      setSize(300,130);
      setLocationRelativeTo(null);
      setDefaultCloseOperation(JFrame.EXIT_ON_CLOSE);
      setVisible(true);
   }
   public class ButtonClickListener implements ActionListener{
      public void actionPerformed(ActionEvent ae){
         if(ae.getActionCommand().equals("红色")){
            panel2.setBackground(Color.RED);
         }else if(ae.getActionCommand().equals("绿色")){
            panel2.setBackground(Color.GREEN);
         }else if(ae.getActionCommand().equals("蓝色")){
            panel2.setBackground(Color.BLUE);
         }else if(ae.getActionCommand().equals("黄色")){
            panel2.setBackground(Color.YELLOW);
         }
      }
   }
   public static void main(String args[]){
      try{
```

```
            UIManager.setLookAndFeel(
               UIManager.getSystemLookAndFeelClassName());
         }catch(Exception e){}
         SwingUtilities.invokeLater(new Runnable() {
            public void run() {
               new BoxLayoutDemo();
            }
         });
      }
}
```

运行结果如图 14-1 所示。

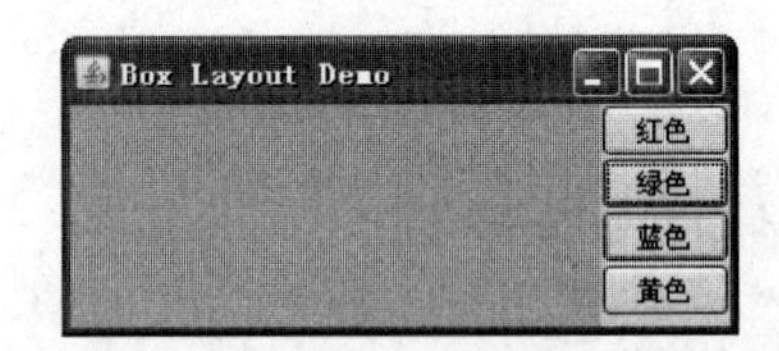

图 14-1　BoxLayout 布局管理器

Swing 包含大量的组件，如 JLabel 表示一个标签，即不可编辑文本的一个显示区域。JButton 是最常用的组件，它的实例是一个命令按钮。JTextField 类表示单行文本框，通常用来接收用户输入的文本。使用 JTextArea 对象可以显示多行文本。JCheckBox 称为复选框，JRadioButton 类称为单选按钮，外观上类似于复选框，不过复选框不管选中与否外观都是方形的，而单选按钮是圆形的，另外，它只允许用户从一组选项中选择一个选项。JComboBox 一般叫组合框，是一些项目的简单列表，用户能够从中进行选择。

对话框通常用来显示消息或接受用户的输入。Java 可以创建 3 种类型的对话框：用户定制对话框、标准对话框和文件对话框。创建用户定制的对话框使用 JDialog 类，创建标准对话框使用 JOptionPane 类。使用 JOptionPane 类创建的标准对话框有消息对话框、输入对话框、确认对话框和选项对话框。JFileChooser 类用来创建文件对话框。

Java 语言支持两种类型的菜单：下拉式菜单和弹出式菜单。可在 Swing 的所有顶级容器（JFrame、JApplet、JDialog）中添加菜单。Java 提供了 6 个实现菜单的类：JMenuBar、JMenu、JMenuItem、JCheckBoxMenuItem、JRadioButtonMenuItem、JPopupMenu。

14.2　实 验 指 导

【实验目的】

1. 掌握容器的布局方法及容器布局管理器。
2. 掌握使用中间容器 JPanel 构建复杂界面的方法。
3. 了解 Java 事件处理模型，掌握事件处理的步骤。
4. 掌握窗口事件、动作事件、鼠标事件的处理方法及相应的监听器接口的实现。
5. 掌握 JLabel、JButton、JTextField、JTextArea、JMenu 等常用组件的使用方法。

【实验内容】

实验题目 1：编写如图 14-2 所示的程序，要求：

① 窗口布局管理器设置为 FlowLayout。

② 创建两个面板并把它们添加到框架中。

③ 每个面板包含 3 个按钮，面板使用 FlowLayout 布局管理器。

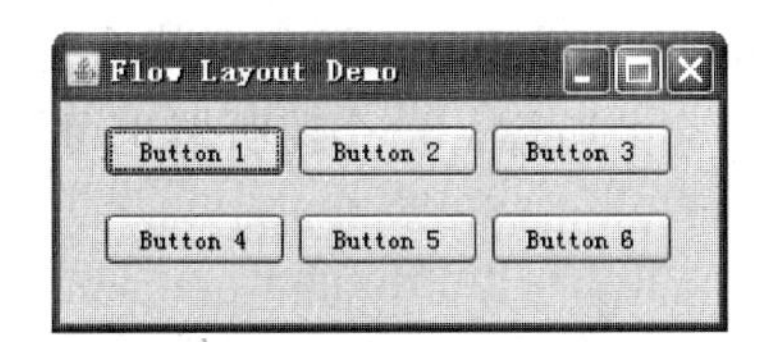

图 14-2 使用 FlowLayout 布局

实验题目 2：编写一个应用程序，其界面中含有两个文本框，当用户在第一个文本框中输入文本然后按回车，程序将其内容显示在第二个文本框中。

实验题目 3：编写界面如图 14-3 所示的程序，当用户单击某个按钮，程序的背景显示该颜色。

图 14-3 改变界面背景颜色

实验题目 4：编写程序，使用 paintComponent 方法在面板上显示一字符串，在窗口下方放置两个按钮“放大”和“缩小”，当用户单击“放大”按钮时显示的字符串放大 2 号，点击“缩小”按钮时字符串缩小 2 号。

实验题目 5：编写程序，在窗口中建立一个菜单条，其中有一个“文件”菜单，该菜单中有一个“退出”菜单项，窗口的底部放置一个按钮。该程序实现功能是当用户单击窗口的关闭按钮、选择“退出”菜单和单击“退出”按钮都可以关闭窗口。

【思考题】

1. 如何理解容器的布局？
2. 如何使用面板 JPanel 对象实现复杂布局？
3. 试述事件处理的步骤？
4. 试述实现事件处理的方法有哪些？

14.3 习题解析

1. JFrame 的内容窗格和 JPanel 的默认的布局管理器分别为（　　）。

   A. 流式布局和边界式布局　　　　B. 边界式布局和流式布局

C. 边界式布局和网格布局　　　　　　　　D. 都是边界式布局

【答】 B。

2. 下列叙述正确的是（　　）。

A. AWT 组件和 Swing 组件可以混合使用

B. JFrame 对象的标题一旦设置就不能改变

C. 容器没有用 setLayout 方法设置布局管理器就不使用布局管理器

D. 一个组件可以注册多个监听器，一个监听器也可以监听多个组件

【答】 D。

3. 对下列程序，下面哪个选项是正确的？（　　）

```
import java.awt.*;
import javax.swing.*;
 public class Test extends JFrame{
   public Test(){
     add(new JLabel("Hello"));
     add(new JTextField("Hello"));
     add(new JButton("Hello"));
     pack();
     setVisible(true);
   }
   public static void main(String[] args){
     new Test();
   }
 }
```

A. 显示一个窗口，但没有标签、文本框或按钮

B. 显示一个窗口，上端是一个标签，标签下面是文本框，文本框下面是按钮

C. 显示一个仅有一个按钮的窗口

D. 显示一个窗口，左面是标签，标签右面是文本框，文本框右面是按钮

【答】 C。

4. 有下列程序，下面哪个选项是正确的？（　　）

```
import java.awt.*;
import javax.swing.*;
public class MyWindow extends JFrame{
   public static void main(String[] args){
     MyWindow mw = new MyWindow ();
     mw.pack();
     mw.setVisible(true);
   }
   public MyWindow (){
     setLayout(new GridLayout(2,2));
```

```
    JPanel p1=new JPanel();
    add(p1);
    JButton b1=new JButton("One");
    p1.add(b1);
    JPanel p2=new JPanel();
    add(p2);
    JButton b2=new JButton("Two");
    p2.add(b2);
    JButton b3=new JButton("Three");
    p2.add(b3);
    JButton b4=new JButton("Four");
    add(b4);
  }
}
```

程序运行后，当窗口大小改变时：

A. 所有按钮的高度都可以改变　　B. 所有按钮的宽度都可以改变

C. 按钮“Three”可以改变宽度　　D. 按钮“Four”可以改变高度和宽度

【答】 D。

5. 编写程序，实现如图 14-4 所示的图形用户界面，要求如下：

① 创建一个框架并将其布局管理器设置为 FlowLayout。

② 创建两个面板并把它们添加到框架中。

③ 每个面板包含三个按钮，面板使用 FlowLayout 布局管理器。

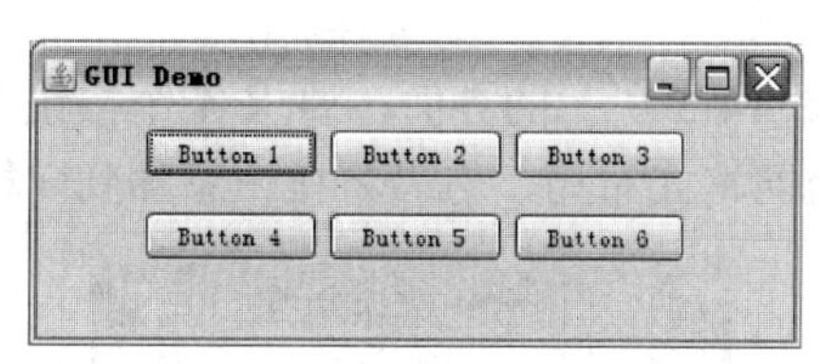

图 14-4　一个简单的图形用户界面

参考程序如下：

```
import java.awt.*;
import javax.swing.*;
public class GUIDemo extends JFrame{
  JPanel p1 = new JPanel(),
      p2 = new JPanel();
  JButton b11 = new JButton("Button 1"),
       b12 = new JButton("Button 2"),
       b13 = new JButton("Button 3"),
       b21 = new JButton("Button 4"),
       b22 = new JButton("Button 5"),
       b23 = new JButton("Button 6");
  public GUIDemo(){
    this("No Title");;
  }
```

```
    public GUIDemo(String title){
      super(title);
      p1.setLayout(new FlowLayout());
      p2.setLayout(new FlowLayout());
      p1.add(b11);p1.add(b12);p1.add(b13);
      p2.add(b21);p2.add(b22);p2.add(b23);
      setLayout(new FlowLayout());
      add(p1); add(p2);
      setSize(300,130);
      setLocationRelativeTo(null);

      setDefaultCloseOperation(JFrame.EXIT_ON_CLOSE);
      setVisible(true);
    }
    public static void main(String args[]){
       try{
          UIManager.setLookAndFeel(
              UIManager.getSystemLookAndFeelClassName());
       }catch(Exception e){}
      SwingUtilities.invokeLater(new Runnable() {
           public void run() {
                new GUIDemo("GUI Demo");
           }
       });
    }
}
```

6. 编写程序，实现如图 14-5 所示的界面，要求 4 个按钮大小相同。提示：使用一个面板对象，将其布局设置为网格式布局，然后将按钮添加到面板中。

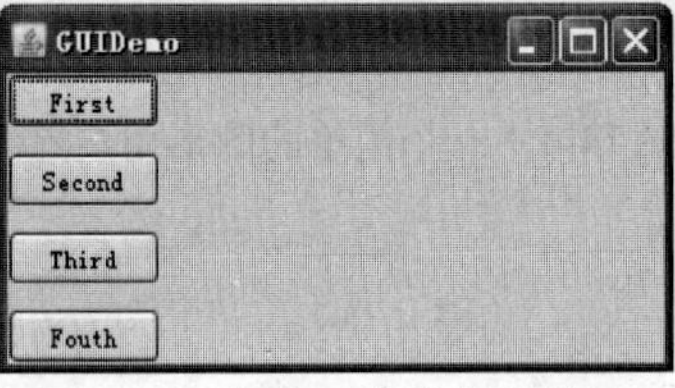

图 14-5　包含 4 个按钮的窗口

参考程序如下：

```
import java.awt.*;
import javax.swing.*;
public class GUIDemo extends JFrame{
   JButton jb1=new JButton("First"),
           jb2=new JButton("Second"),
           jb3=new JButton("Third"),
           jb4=new JButton("Fouth");
   JPanel panel = new JPanel();
   public GUIDemo(){
```

```
        super("GUIDemo");
        panel.setLayout(new GridLayout(4,1,0,10));
        panel.add(jb1);
        panel.add(jb2);
        panel.add(jb3);
        panel.add(jb4);
        add(panel,BorderLayout.WEST);
        setSize(300,160);
        setLocationRelativeTo(null);
        setDefaultCloseOperation(JFrame.EXIT_ON_CLOSE);
        setVisible(true);
    }
    public static void main(String[]args){
        GUIDemo frame = new GUIDemo();
    }
}
```

7. 编写程序，实现如图 14-6 所示的界面，要求单击按钮将窗口上部的背景颜色设置为相应的颜色。

图 14-6　改变背景颜色

提示：使用面板 JPanel 对象设计布局。设置颜色可以调用容器的 setBackground(Color c)方法，参数 Color 可以使用 java.awt.Color 类的常量，如 Color.RED 等。

参考程序如下：

```
import java.awt.event.*;
import javax.swing.*;
import java.awt.*;

public class ColorDemo extends JFrame implements ActionListener{
    private JButton jButton1 = new JButton("红色"),
                jButton2 = new JButton("绿色"),
                jButton3 = new JButton("蓝色"),
                jButton4 = new JButton("灰色");
    private JPanel panel = new JPanel(),
                    panel2 = new JPanel();
    public ColorDemo(){
        super("Color Demo");
        panel.add(jButton1);
        panel.add(jButton2);
        panel.add(jButton3);
```

```
        panel.add(jButton4);
        panel.setBackground(Color.LIGHT_GRAY);

        add(panel,BorderLayout.SOUTH);
        add(panel2,BorderLayout.CENTER);
        jButton1.addActionListener(this);
        jButton2.addActionListener(this);
        jButton3.addActionListener(this);
        jButton4.addActionListener(this);
        setSize(300,160);
        setLocationRelativeTo(null);
        setDefaultCloseOperation(JFrame.EXIT_ON_CLOSE);
        setVisible(true);
      }
      public void actionPerformed(ActionEvent ae ){
        if((JButton)ae.getSource()==jButton1){
           panel2.setBackground(Color.RED);
        }  else if((JButton)ae.getSource()==jButton2){
           panel2.setBackground(Color.GREEN);
        }else if((JButton)ae.getSource()==jButton3){
           panel2.setBackground(Color.BLUE);
        }else if((JButton)ae.getSource()==jButton4){
           panel2.setBackground(Color.GRAY);
        }
      }
     public static void main(String args[]){
       try{
          UIManager.setLookAndFeel(
             UIManager.getSystemLookAndFeelClassName());
       }catch(Exception e){}
         ColorDemo frame = new ColorDemo();
     }
   }
```

8. 编写程序，其外观是一个窗口，其中放置一个文本区（JTextArea），下方放置 3 个按钮，3 个按钮名分别为“确定”、“取消”、“退出”，单击前两个按钮，在文区中显示按钮上文字，单击“退出”按钮，关闭并退出程序。

参考程序如下：

```
import java.awt.*;
import java.awt.event.*;
import javax.swing.*;

public class TextAreaDemo extends JFrame implements ActionListener{
  private JButton ok = new JButton("确定"),
             cancel = new JButton("取消"),
             exit = new JButton("退出");
  private JPanel jp = new JPanel();
```

```
    private JTextArea jta =new JTextArea();
    private JScrollPane jsp = new JScrollPane(jta);
    public TextAreaDemo(){
      jp.add(ok);jp.add(cancel);jp.add(exit);
      add(jsp,BorderLayout.CENTER);
      add(jp,BorderLayout.SOUTH);

      ok.addActionListener(this);
      cancel.addActionListener(this);
      exit.addActionListener(this);
      setTitle("Text Area Demo");
      setSize(320,150);
      setVisible(true);
       setDefaultCloseOperation(JFrame.EXIT_ON_CLOSE);
  }

  public void actionPerformed(ActionEvent e){
     if(e.getSource() == ok ){
        jta.setText(ok.getText());
     }else if(e.getSource() == cancel){
        jta.setText(cancel.getText());
     }else if(e.getSource() == exit){
        System.exit(0);
     }
   }
   public static void main(String[] args){
      TextAreaDemo frame = new TextAreaDemo();
   }
}
```

9. 编写程序，实现如图 14-7 所示的界面。要求在文本框中输入有关信息，单击“确定”按钮，在下面的文本区域中显示信息，单击“清除”按钮将文本框中的数据清除。

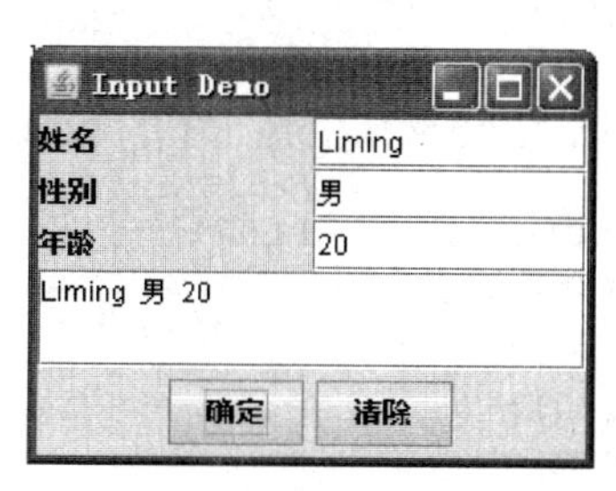

图 14-7 输入数据界面

参考程序如下：

```
import java.awt.*;
import java.awt.event.*;
import javax.swing.*;
```

```
public class InputDemo extends JFrame implements ActionListener{
    JButton jbtn1 = new JButton("确定"),
            jbtn2 = new JButton("清除");
    JTextArea jta =new JTextArea();
    JScrollPane jsp = new JScrollPane(jta);
    JTextField jtf1 = new JTextField(20),
            jtf2 = new JTextField(20),
            jtf3 = new JTextField(20);
    JPanel  jp1 = new JPanel(),
          jp2 = new JPanel();
     public InputDemo(){
       jp1.setLayout(new GridLayout(3,2));
      jp1.add(new JLabel("姓名"));jp1.add(jtf1);
       jp1.add(new JLabel("性别"));jp1.add(jtf2);
       jp1.add(new JLabel("年龄"));jp1.add(jtf3);

       jp2.setLayout(new FlowLayout(FlowLayout.CENTER));
       jp2.add(jbtn1);jp2.add(jbtn2);

       add(jp1,BorderLayout.PAGE_START);
       add(jsp,BorderLayout.CENTER);
       add(jp2,BorderLayout.PAGE_END);
      jbtn1.addActionListener(this);
      jbtn2.addActionListener(this);
      setTitle("Input Demo");
      setSize(250,180);
      setLocationRelativeTo(null);
      setVisible(true);
      setDefaultCloseOperation(JFrame.EXIT_ON_CLOSE);
    }
   public void actionPerformed(ActionEvent e){
         String s = "";
     if(e.getSource() == jbtn1 ){
          s = s+ jtf1.getText()+"  ";
          s = s+ jtf2.getText()+"  ";
          s = s+ jtf3.getText()+"  ";
          jta.setText(s);
        }else if(e.getSource() == jbtn2){
          jtf1.setText("");
          jtf2.setText("");
          jtf3.setText("");
          jta.setText("");
        }
   }
  public static void main(String args[]){
     try{
        UIManager.setLookAndFeel(
          UIManager.getSystemLookAndFeelClassName());
     }catch(Exception e){}
```

```
InputDemo id = new InputDemo();
   }
}
```

10. 编写如图 14-8 所示的简单计算器程序，实现 double 类型数据的加减乘除功能。

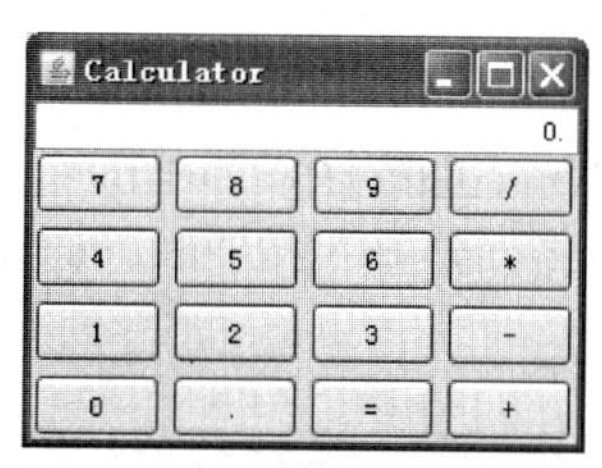

图 14-8　一个简单的计算器

参考程序如下：

```
import java.awt.*;
import javax.swing.*;
public class Calculator extends JFrame{
    JButton []b=new JButton[10];
    {//这里使用初始化块创建 10 个按钮
        for(int i=0;i<b.length;i++)
            b[i] = new JButton(""+i);
    }
    JButton b00=new JButton("."),
                bplus=new JButton("+"),
                bminute=new JButton("-"),
                bmulti=new JButton("*"),
                bdivide=new JButton("/"),
                bequal=new JButton("=");
    JTextField jtf=new JTextField("0.");
    JPanel jp=new JPanel();
    public Calculator(){
        jp.setLayout(new GridLayout(4,4,5,5));
        jp.add(b[7]);jp.add(b[8]);jp.add(b[9]);jp.add(bdivide);
        jp.add(b[4]);jp.add(b[5]);jp.add(b[6]);jp.add(bmulti);
        jp.add(b[1]);jp.add(b[2]);jp.add(b[3]);jp.add(bminute);
        jp.add(b[0]);jp.add(b00);jp.add(bequal);jp.add(bplus);
        jtf.setHorizontalAlignment(JTextField.RIGHT);
        //上面语句设置文本框中文字右对齐
        add(jtf,BorderLayout.NORTH);
        add(jp,BorderLayout.CENTER);
        setSize(250,180);
        setLocationRelativeTo(null);
        setDefaultCloseOperation(JFrame.EXIT_ON_CLOSE);
        setVisible(true);
    }
    public static void main(String args[]){
    try{
```

```
            UIManager.setLookAndFeel(
                UIManager.getSystemLookAndFeelClassName());
        }catch(Exception e){}

        new Calculator();
        }
    }
```

11. 编写一个界面如图 14-9 所示的程序，当单击“开始”按钮时随机产生一个两位整数，在文本框中不断显示，但单击“停止”按钮时，停止显示并将当前产生的数显示在一个标签中。

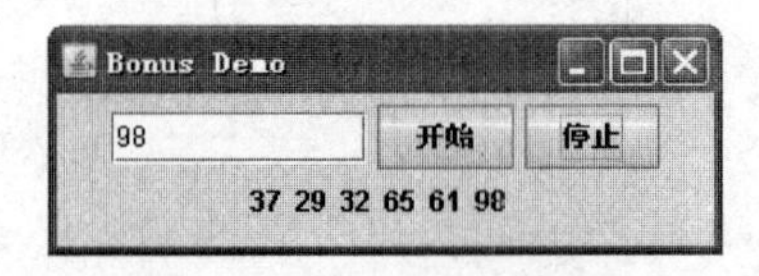

图 14-9　随机产生两位整数

参考程序如下：

```
import java.awt.*;
import java.awt.event.*;
import javax.swing.*;
public class BonusDemo extends JFrame
            implements ActionListener, Runnable{
   JTextField tf=new JTextField(10);
   JButton b1=new JButton("开始"),
            b2=new JButton("停止");
   JLabel l=new JLabel("                    ");
   Thread t;
   String s="";
   boolean run=true;

  public BonusDemo(){
    super("Bonus Demo");
    setLayout(new FlowLayout());
    add(tf);add(b1);add(b2);
    add(l);
    b1.addActionListener(this);
    b2.addActionListener(this);
    setSize(300,100);
    setLocationRelativeTo(null);
    setDefaultCloseOperation(JFrame.EXIT_ON_CLOSE);
    setVisible(true);
  }
   public void actionPerformed(ActionEvent e){
    if(e.getSource()==b1){
      run = true;
      t = new Thread(this);
```

```
        t.start();
      } else if(e.getSource()==b2){
        run = false;
        l.setText(s = s+tf.getText()+"  ");
      }
    }
    public void run(){
      while(run){
        try{
          int i=(int)(Math.random()*90+10);
          tf.setText(""+i);
          Thread.sleep(200);
        }catch(InterruptedException e){}
      }
    }
    public static void main(String[] args) {
        SwingUtilities.invokeLater(new Runnable() {
            public void run() {
                new BonusDemo();
            }
        });
    }
}
```

第15章　数据库编程

15.1 本 章 要 点

JDBC 是 Java 程序访问数据库的标准 API，为程序员提供了一种访问各种数据库的统一的和便捷的方法。Java 7 中提供了最新的 JDBC 4.1 版，由两个包组成。java.sql 包提供了数据库编程的基本 API；javax.sql 包提供了高级特性，如连接池、数据源、JNDI 以及分布式事务的支持等。

JDBC 使 Java 程序员可以利用相同的代码访问不同的数据库，这是通过利用 JDBC 驱动程序作为 Java 代码和数据库之间的桥梁实现的。每种数据库都有自己的驱动程序。JDK 还包含一个默认的 JDBC-ODBC 驱动程序。JDBC 驱动程序经常被部署成一个 jar 或 zip 文件，在运行 Java 程序时，要确保类路径中有这个驱动程序文件。

使用 JDBC API 访问数据库的一般步骤是，加载 JDBC 驱动程序，建立连接对象，创建语句对象，执行 SQL 语句得到结果集对象，调用 ResultSet 的有关方法完成对数据库的操作，关闭建立的各种对象。

有两种方法加载驱动程序：手动加载和自动加载。

利用 java.lang.Class 类的 forName 静态方法可以手动加载一个 JDBC 驱动程序：

```
try{
  Class.forName("sun.jdbc.odbc.JdbcOdbcDriver");
  Class.forName("org.postgresql.Driver");
}catch(ClassNotFoundException e){
  e.printStackTrace();
}
```

使用自动加载时，则不需要调用 Class.forName 方法，DriverManager 会在类路径中查找 JDBC 驱动程序，并在后台调用 forName 方法。

获得连接需使用 DriverManager 类的 getConnection 方法，然后通过连接对象即可创建句对象：

```
try(Connection connection =
        DriverManager.getConnection(dburl, username,password);
    Statement statement = connection.createStatement();
    ResultSet rst = stmt.executeQuery(sql))
{
    while(rst.next()){
```

```
            System.out.println(rst.getString(1)+"\t"+
                    rst.getString(2) +"\t"+rst.getString(3)+
                  "\t"+rst.getDouble(4) +"\t"+rst.getInt(5));
        }
    }catch(SQLException se){
          se.printStackTrace(); }
    }
```

注意，这里的 try 语句块是一种 try-with-resources 语句，可保证连接对象和语句对象在使用后自动关闭。

getConnection 方法的参数包括数据库 URL，用字符串表示，不同数据库的 URL 不同。连接数据库通常还需要提供用户名和密码。

```
String dburl="jdbc:postgresql://127.0.0.1:5432/postgres";
String username = "postgres";
String password = "postgres";
String sql = "SELECT * FROM products WHERE prod_id<='P3'";
```

通过语句对象可以创建 ResultSet 结果集对象，在结果集上迭代就可以访问数据库数据。也可以创建 DDL 语句对数据库实施更新操作。

为了提高语句的执行效率和调用数据库的存储过程，可以使用 PreparedStatement 接口对象。创建 PreparedStatement 对象使用 Connection 接口的 prepareStatement 方法。与创建 Statement 对象不同的是需要给该方法传递一个 SQL 命令。

PreparedStatement 对象通常用来执行带参数的 SQL 语句，通过使用带参数的 SQL 语句可以大大提高 SQL 语句的灵活性。

可滚动的 ResultSet 是指在结果集对象上不但可以向前访问结果集中的记录，还可以向后访问结果集中的记录。可更新的 ResultSet 是指不但可以访问结果集中的记录，还可以更新结果集对象。使用可滚动的和可更新的结果集对象可以更灵活的操作结果集并可通过结果集对象实现对记录的添加、删除和修改操作。

数据访问对象（data access object，DAO）模式是应用程序访问数据的一种方法。因为在同一个应用程序中往往会有许多组件需要持久存储有关的对象，所以创建一个专门用来持久存储数据的层是一个很好的主意。

15.2 实验指导

【实验目的】

1. 掌握用 JDBC-ODBC 桥驱动连接数据库的方法。
2. 掌握 Java 应用程序访问数据库的基本步骤。
3. 使用 JDBC API 建立 Java 程序与数据库的连接。

【实验内容】

实验题目 1：通过 JDBC-ODBC 桥驱动程序访问 Access 数据库。

（1）在 D:盘根目录建一个名为 student 的 Access 数据库，在其中建立一个名为 student 的表，表结构如表 15-1 所示。

表 15-1　student 表的结构

列名	数据类型	字段大小	是否为空	是否主码
sno	文本	5	否	是
sname	文本	20	否	
ssex	文本	4		
sage	数字	整型		
sdept	文本	2		

（2）输入表 15-2 中数据。

表 15-2　student 表数据

sno	sname	ssex	sage	sdept
95001	李勇	男	20	CS
95002	刘晨	女	19	IS
95003	王敏	女	18	MA
95004	张立	男	19	IS

（3）建立一个名为 studentDS 的 ODBC 数据源，它与 student 数据库相连。

（4）编写程序访问该数据库。要求程序运行后，先在 student 表中插入一行数据，数据如下：

学号：99999，姓名：李明，性别：女，年龄：20，所在系：CS

（5）修改程序查询并输出所有女同学的信息，主要代码如下：

```
try{
   // 加载 JDBC-ODBC 桥驱动程序
   Class.forName("sun.jdbc.odbc.JdbcOdbcDriver");
}catch(ClassNotFoundException cne){
    cne.printStackTrace();
}
String dburl="jdbc:odbc:studentDS";
String sql = "SELECT * FROM student WHERE ssex='女'";
try(Connection conn = DriverManager.getConnection(dburl,"","");
    Statement stmt = conn.createStatement();
    ResultSet rst = stmt.executeQuery(sql)
)
```

实验题目 2：编写图形用户界面的程序，实现数据的查询，界面如图 15-1 所示。

图 15-1　通过 SQL 语句操作表记录

修改程序，使其可以执行插入、更新和删除语句，操作 student 表。

实验题目 3：编写应用程序访问 PostgreSQL 数据库。

（1）在 PostgreSQL 中建立一个名为 webstore 的数据库，其中建立 employee 员工表，该表的结构如下：

```
emp_id  character(3),                     -- 员工号
ename variaring character (20),           -- 姓名
gender character(1),                      -- 性别
birthday  date,                           -- 出生日期
salary double precision                   -- 工资
```

（2）向 employee 表中输入若干记录。

（3）安装驱动程序。在 Eclipse 中右击项目名称，在弹出菜单中选择 Build Path→Add External Archives 命令，在打开的对话框中选择 postgresql-9.2-1002.jdbc4.jar 文件，单击“确定”按钮。

（4）编写程序访问该 employee 表的数据，主要代码如下：

```
try{
   // 加载 PostgreSQL 数据库驱动程序
   Class.forName("org.postgresql.Driver");
}catch(ClassNotFoundException cne){
    cne.printStackTrace();
}
String dburl="jdbc:postgresql://127.0.0.1:5432/postgres";
String user = "postgres";
String password = "postgres";
String sql = "SELECT * FROM employee";
try(
   Connection conn =
             DriverManager.getConnection(dburl,user,password);
   Statement stmt = conn.createStatement();
   ResultSet rst = stmt.executeQuery(sql))
{
   while(rst.next()){
      System.out.println(rst.getString(1)+"\t"
           + rst.getString(2) +"\t"+rst.getString(3)+ "\t"
           + rst.getDate(4) +"\t"+rst.getDouble(5));
   }
```

```
    }catch(SQLException se){
        se.printStackTrace();
    }
```

实验题目 4：在 PostgreSQL 中建立一个名为 bookstore 的数据库，其中建立一个 books 表，内容如表 15-3 所示。

表 15-3　books 表的数据

bookid	Title	author	publisher	price
201	Java 编程思想	Bruce Eckel	机械工业出版社	108
202	JSP 完全学习手册	张银鹤	清华大学出版社	69
203	Java 程序设计语言	James Gosling	人民邮电出版社	52
204	Java 语言程序设计	Y.Daniel Liang	机械工业出版社	49
205	Java JDK 6 学习笔记	林信良	清华大学出版社	68

编写如图 15-2 所示的图形界面程序，实现数据的查询、插入、删除和修改。

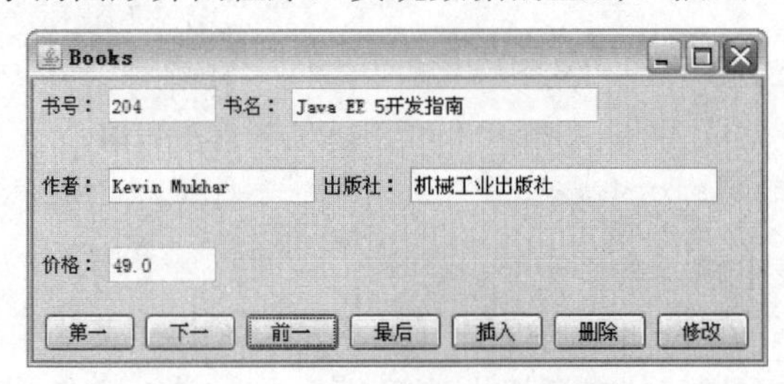

图 15-2　通过按钮操作表记录

【思考题】

1. 如何理解 JDBC URL 和数据库驱动程序？
2. Java 程序访问数据库的步骤有哪些？

15.3　习 题 解 析

1．简述数据库访问的两层模型和三层模型。

【答】　两层模型即客户机/服务器模型，在两层模型中应用程序直接通过 JDBC 驱动程序访问数据库。三层模型是浏览器/应用服务器/数据库服务器结构，在该结构中浏览器向应用服务器发出请求，应用服务器通过 JDBC 驱动程序访问数据库。

2．什么是 JDBC？它由什么组成？

【答】　JDBC 是 Sun 公司开发的数据库访问接口标准，由一组用 Java 语言编写的类和接口组成，这些类和接口称为 JDBC API。

3．什么是数据库驱动程序？它的作用是什么？如何安装和加载驱动程序？

【答】　在程序收到 JDBC 请求后，将其转换成适合于数据库系统的方法调用。把完成这类转换工作的程序叫做数据库驱动程序。

安装驱动程序是将驱动程序的打包文件复制到一个目录中，然后在 CLASSPATH 环境变量中指定该驱动程序文件名，这样 Java 应用程序才能找到其中的驱动程序。

4．什么是 JDBC URL？它的作用是什么？一般由几部分组成？试给出一个实际的 JDBC URL。

【答】 JDBC URL 与一般的 URL 不同，用来标识数据源，这样驱动程序就可以与数据库建立连接。下面是 JDBC URL 的标准语法，包括由冒号分隔的 3 个部分：

```
jdbc:<subprotocol>:<subname>
```

其中，jdbc 表示协议；subprotocol 表示子协议；subname 为子名称。下面的 JDBC URL 表示 PostgreSQL 的 bookstore 数据库。

```
jdbc:postgresql://127.0.0.1:5432/bookstore
```

5．试比较 Statement 和 PreparedStatement 对象的异同。

【答】 Statement 用来执行一般的 SQL 语句（包括 SELECT 语句、DML 语句和 DDL 语句），PreparedStatement 主要用来执行带参数的 SQL 语句。

6．简述使用 JDBC 开发数据库应用程序的一般步骤。

【答】 使用 JDBC API 访问数据库的一般步骤是：

（1）加载 JDBC 驱动程序。

（2）建立连接对象。

（3）创建语句对象，语句对象有 3 种：Statement、PreparedStatement 和 CallableStatement。

（4）执行 SQL 语句得到结果集对象，调用 ResultSet 的有关方法完成对数据库的操作。

（5）关闭建立的各种对象。

7．JDBC 驱动程序按其性质的不同，可以分为 JDBC-ODBC 桥等（　　）种类型。

A. 3　　B. 4　　C. 5　　D. 2

【答】 B。

8．要加载 Sun 的 JDBC-ODBC 桥驱动程序应该调用哪个方法？（　　）

A. Class.forName("sun.jdbc.odbc.JdbcOdbcDriver")

B. DriverManager.getConnection();

C. executeQuery()并给定一个 Statement 对象。

D. 装载 JDBC-ODBC 桥驱动程序不需要做任何事情。

【答】 A。

9. 下面叙述哪个是不正确的？（　　）

A. 调用 DriverManager 类的 getConnection()方法可以获得连接对象。

B. 调用 Connection 对象的 createStatement()方法可以得到 Statement 对象。

C. 调用 Statement 对象的 executeQuery()方法可以得到 ResultSet 对象。

D. 调用 Connection 对象的 prepareStatement()方法可以得到 Statement 对象。

【答】 D。

10. 在 JDBC API 中，可通过（　　）对象执行 SQL 语句。

A. java.sql.RecordSet　　　　B. java.sql.Connection

C. java.sql.Statement　　　　D. java.sql.PreparedStatement

【答】 C。

11. Oracle 是一个著名的数据库管理系统，该数据库安装后其 JDBC 驱动程序也一并安装到系统中。如果假设其驱动程序名为 oracle.jdbc.driver.OracleDriver，JDBC URL 的格式为 jdbc:oracle:thin:@dbServerIP:1521:dbName，这里 dbServerIP 为主机的数据库服务器的 IP 地址，dbName 为数据库名。

如果已经在 Oracle 中建立了一个名为 HumanResource 的数据库，其中建有 Employee 表，该表的结构如下：

```
ENO  CHAR(8)
ENAME  VARCHAR(20)
SSEX CHAR(1)
BIRTHDAY DATE
SALARY DOUBLE
```

请编写程序访问该数据库 Employee 表的数据。

参考程序如下：

```
import java.sql.*;
public class OracleDemo{
  public static void main(String[] args){
    try{
     // 加载 Oracle 数据库驱动程序
      Class.forName("oracle.jdbc.driver.OracleDriver");
      String dburl="jdbc:oracle:thin:@127.0.0.1:1521:HumanResource";
      String user = "hr";
      String password = "oracle";
      Connection conn =
           DriverManager.getConnection(dburl,user,password);
      String sql = "SELECT * FROM employee";
      Statement stmt = conn.createStatement();
      ResultSet rst = stmt.executeQuery(sql);
      while(rst.next()){
         System.out.println(rst.getString(1)+"\t"+
             rst.getString(2) +"\t"+rst.getString(3));
```

```
            }
            rst.close();
            stmt.close();
            conn.close();
          }catch(Exception e){
              System.out.println(e);
          }
        }
    }
```

12. 编写如图 15-3 所示的图形界面程序，要求在文本框中输入任意的 SQL 查询语句，按 Enter 键或单击“执行”按钮，在文本区中显示查询结果。如果 SQL 语句有错误，显示一个标准对话框。

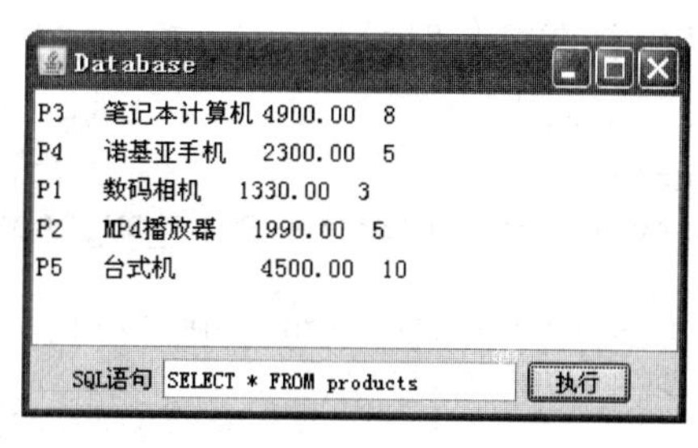

图 15-3 通过 SQL 语句查询数据库

参考程序如下：

```
import javax.swing.*;
import java.awt.*;
import java.awt.event.*;
import java.sql.*;
public class QueryDemo extends JFrame implements ActionListener{
   JPanel jp=new JPanel(),
          jpBar= new JPanel();
   JTextArea jta = new JTextArea();
   JLabel jbl = new JLabel("SQL 语句");
   JTextField jtfd = new JTextField(30);
   JButton jbtn = new JButton("执行");
   JScrollPane jsp = new JScrollPane(jta);
   Container contentPane=null;
   Connection conn=null;
   PreparedStatement stmt = null;
   //Statement stmt=null;
   ResultSet rst =null;

   public QueryDemo(){
      super("Database");
      try{
         Class.forName("org.postgresql.Driver");
         String url="jdbc:postgresql://localhost/bookstore";
         String user = "bookstore";
```

```
            String password = "bookstore";
            conn = DriverManager.getConnection(url,user,password);
         }catch(Exception e){
            System.out.println(e);
         }
        contentPane = getContentPane();
        jp.setLayout(new BorderLayout());
        jpBar.add(jbl);
        jpBar.add(jtfd);
        jpBar.add(jbtn);
        jp.add(jsp,BorderLayout.CENTER);
        jp.add(jpBar,BorderLayout.SOUTH);
        contentPane.add(jp,BorderLayout.CENTER);
        jtfd.setFocusable(true);
        jtfd.addActionListener(this);
        jbtn.addActionListener(this);
        setSize(350,200);
        setLocation(300,200);
        setVisible(true);
        setDefaultCloseOperation(JFrame.EXIT_ON_CLOSE);
    }
    public void actionPerformed(ActionEvent ae){
        String sql = jtfd.getText();
        try{
            stmt = conn.prepareStatement(sql);
            rst = stmt.executeQuery();
            ResultSetMetaData rsmd = rst.getMetaData();
            int n = rsmd.getColumnCount();
            jta.setText("");
            while(rst.next()){
                String s="";
                for(int i = 1;i<=n;i++){
                    s = s + rst.getString(i)+"  ";
                }
                jta.append(s + "\n");
            }
        }catch(SQLException e){
            JOptionPane.showMessageDialog(null,"异常: "+e);
        }
    }
    public static void main(String []args){
        try{
            UIManager.setLookAndFeel(
                    UIManager.getSystemLookAndFeelClassName());
        }catch(Exception e){}
        new QueryDemo();
    }
}
```

附录 A　Java 开发环境构建

本附录介绍如何构建 Java 开发环境，主要包括 JDK 的安装和配置、Eclipse 的安装和使用。

A.1　JDK

JDK（Java Development Kit）意为 Java 开发工具包，是用于构建在 Java 平台上运行的应用程序的开发环境。可以说 JDK 是一切 Java 应用程序的基础，所有的 Java 应用开发都是构建在它之上的。JDK 还提供了一组基础 API，即常用的 Java 类，为开发工作提供了很好的支持。

1. 下载和安装

JDK 下载地址为 http://www.oracle.com/technetwork/java/index.html。目前最新的版本是 JDK 7，下载的文件名为 jdk-7u10-windows-i586.exe。双击该文件即开始安装，安装过程需要用户指定安装路径，默认路径是 C:\Program Files\Java\jdk1.7.0 目录，可以通过单击“更改”按钮指定新的位置。这里将路径指定为 D:\jdk1.7.0，如图 A-1 所示。

单击“下一步”按钮即开始安装。安装完 JDK 后系统自动安装 JRE。JRE 的安装过程与 JDK 的安装过程类似，假设将其安装在 D:\jre1.7.0 目录中，如图 A-2 所示。

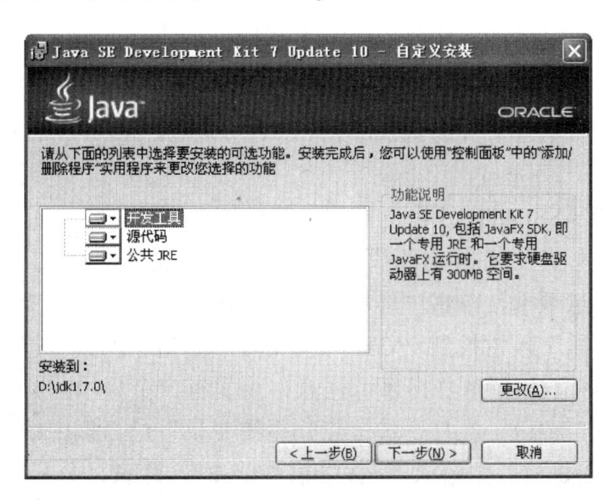

图 A-1　选择安装的组件及路径

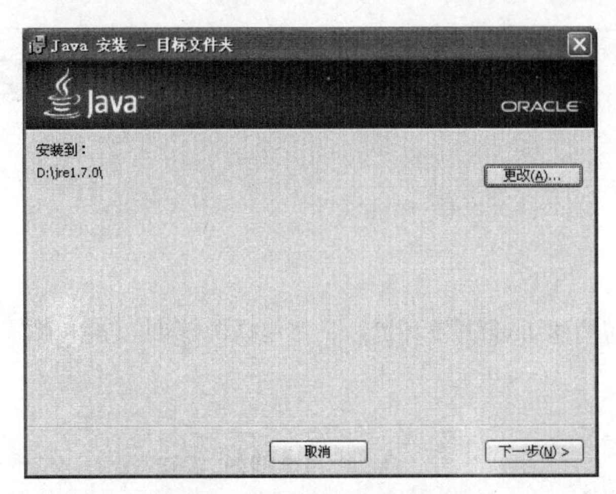

图 A-2　选择 JRE 安装的路径

最后出现安装完毕对话框，单击“完成”按钮结束安装。全部安装结束后，安装程序在 D:\jdk1.7.0 目录中建立了几个子目录。

bin 目录下存放编译、执行和调试 Java 程序的工具。例如，javac.exe 是 Java 编译器，java.exe 是 Java 解释器，appletviewer.exe 是 Java 小程序浏览器，javadoc.exe 是 HTML 格式的 API 文档生成器，jar.exe 是将 class 文件打包成 JAR 文件的工具，jdb.exe 是 Java 程序的调试工具。db 目录存放 Java DB 数据库的有关程序文件。demo 目录下存放许多 Sun 提供的 Java 演示程序。include 目录下存放本地代码编程需要的 C 头文件。jre 目录是 JDK 使用的 Java 运行时环境的目录。运行时环境包括 Java 虚拟机、类库以及其他运行程序所需要的支持文件。lib 目录下存放开发工具所需要的附加类库和支持文件。sample 目录下存放一些示例程序。

另外，在 jdk1.7.0 目录下有版权、许可和 README 文件，还有一个 src.zip 文件，该文件中存放着 Java 平台核心 API 类的源文件。

2. 设置环境变量

若要在命令提示符下编译和运行程序，安装 JDK 后必须配置有关的环境变量才能使用。配置环境主要是设置可执行文件的查找路径（PATH 环境变量）和类查找路径（CLASSPATH 环境变量）。

修改 PATH 和 CLASSPATH 环境变量的具体操作步骤如下：

（1）右击“我的电脑”，在弹出的快捷菜单中选择“属性”命令，打开“系统属性”对话框，选择“高级”选项卡，单击“环境变量”按钮，打开“环境变量”对话框。

（2）在“系统变量”区中找到 PATH 环境变量，单击“编辑”按钮，在原来值的后面加上“D:\ jdk1.7.0\bin”，如图 A-3 所示。注意，前面有一个分号。

（3）单击“新建”按钮，在打开的“新建系统变量”对话框中的“变量名”框中输入 CLASSPATH，在“变量值”中输入“.;D:\jdk1.7.0\lib”。注意，分号前面有一个点号（.）表示当前目录，如图 A-4 所示。

图 A-3 修改 PATH 环境变量

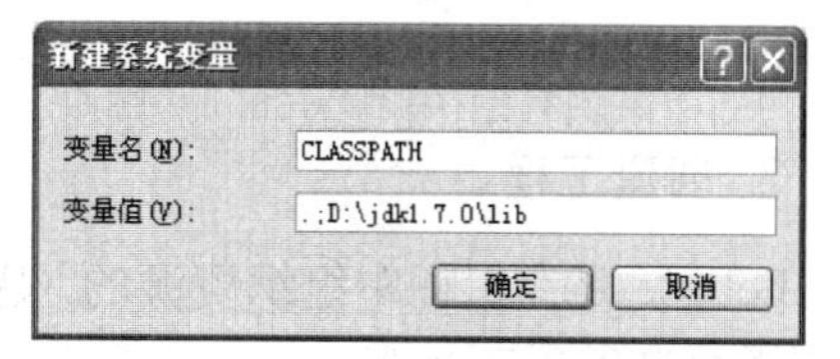

图 A-4 建立 CLASSPATH 环境变量

接下来启动 Windows 的“命令提示符”窗口，在提示符下输入 javac，如果出现编译器的选项，说明编译器正常。输入 java，如果出现解释器的选项，说明解释器正常。这样就可以使用 JDK 编译和运行 Java 程序了。

A.2 Eclipse

Eclipse 是一个免费、开放源代码、基于 Java 的可扩展集成开发环境（integrated development environment，IDE）。为适应不同软件开发，Eclipse 提供了多种软件包。为 Java 开发主要提供下面两个发行包：Eclipse Classic 4.2.1 和 Eclipse IDE for Java Developers。

1. 下载和安装

可以从 http://www.eclipse.org 免费下载。为了支持 Java 7 的特征，应该下载最新版本的 Eclipse。可以下载 Eclipse Classic 4.2.1 或 Eclipse IDE for Java Developers。它们都是以 zip 文件发布的，下载后将压缩文件解压到一个目录中，双击 eclipse.exe 程序图标即可启动 Eclipse。Eclipse IDE 的开发界面如图 A-5 所示。

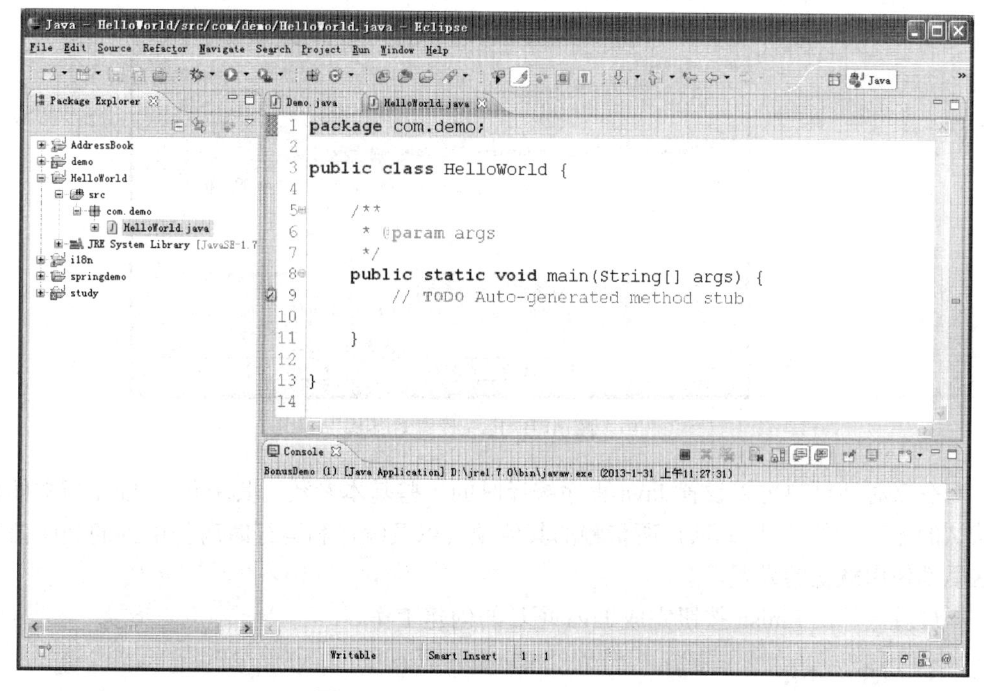

图 A-5 Eclipse IDE 开发界面

该界面中主要包含了菜单、工具栏、视图窗口、编辑区以及输出窗口等几个部分。

2. 创建工程

Eclipse 是在工程中组织资源的，因此在创建 Java 类之前，必须先创建一个工程。创建工程需要遵循以下步骤。

（1）选择 File→New→Project 命令，打开 Create a Java Project 对话框。在该对话框的 Project name 文本框中输入项目名，如 HelloWorld，指定程序运行的 JRE，如图 A-6 所示。

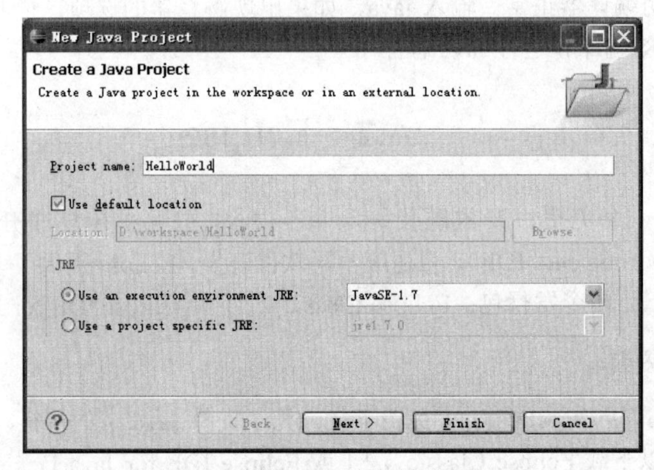

图 A-6　创建 Java 项目对话框

（2）单击 Next 按钮打开 Java Settings 对话框，如图 A-7 所示。

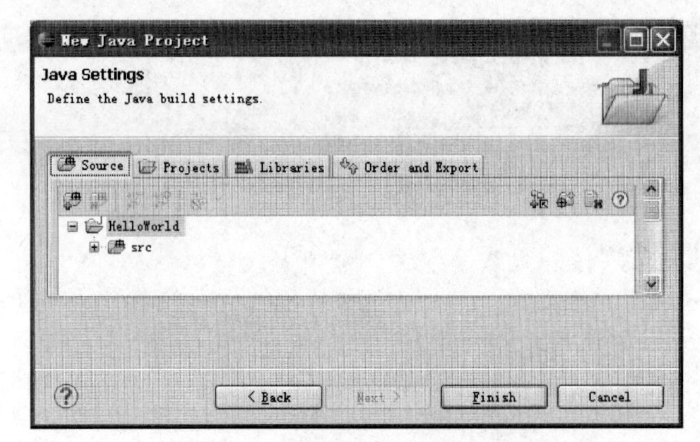

图 A-7　Java 设置对话框

在该对话框中可以设置 Java 程序编译时的一些基本参数。其中包括 Java 源文件目录、默认的输出文件目录、此项目所依赖的其他项目以及编译和运行时所使用到的类库信息等。这里都使用默认的设置。

最后，单击 Finish 按钮完成 Java 项目的创建工作。

3. 创建一个类

为了创建一个类，要在 Package Explorer 视图中右击项目名称，选择 New→Class 命令，打开 New Java Class 对话框。在其中的 Package 文本框中输入新类的包名，在 Name 文本框中输入新类的名称，选中 public static void main(String[]args)复选框，如图 A-8 所示。

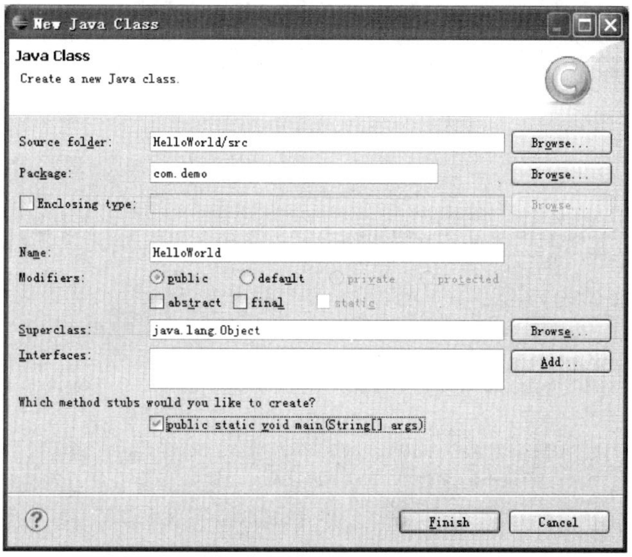

图 A-8　新建 Java 类对话框

单击 Finish 按钮，Eclipse 将创建并在编辑窗口中打开 HelloWorld.java 源程序文件。可以看到 Eclipse 生成了部分程序代码。

在 main()中添加如下代码：

```
System.out.println("Hello,World!");
System.out.println("这是我的第一个程序！");
```

如果输入程序有错误，Eclipse 将在错误行的左侧显示一个错误符号，将鼠标指针指向该符号将显示错误详细信息。

选择 File→Save 命令或单击 Save 按钮保存程序。若程序没有错误，Eclipse 将编译该程序产生.class 文件存放在项目的 bin 目录中。

默认情况下，当保存源文件时，Eclipse 自动将其编译成类文件。也可以将 Project 菜单中的 Build Automatically 选项去掉使其不自动编译源文件。

若程序没有错误并已被编译成类文件，可选择 Run 命令或单击工具栏的 Run 按钮执行程序。Eclipse 将在控制台（Console）窗口中显示程序执行结果。

4. 代码调试

Eclipse 提供了代码调试的功能，在 Eclipse 中，可以单步逐行调试程序。调试程序的具体步骤如下。

（1）添加一个断点。单击代码行，选择 Run→Toggle Line Breakpoint 命令或双击代码行号左侧区域，在该行设置一个断点。

（2）选择 Run→Debug As→Java Application 命令。调试时，Eclipse 将打开 Debug 透视图，如图 A-9 所示。

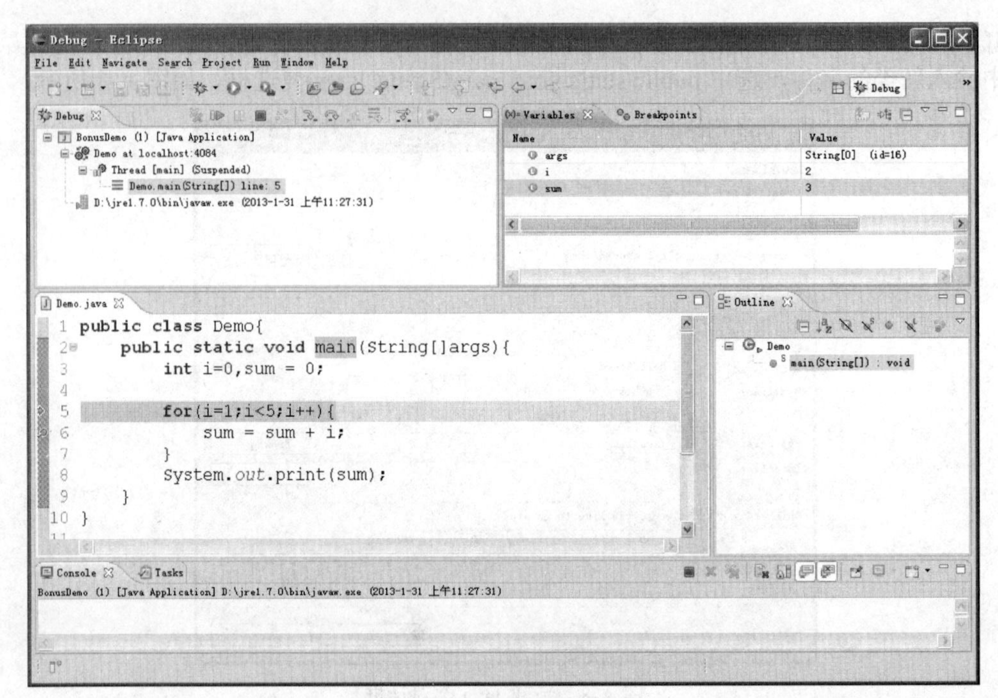

图 A-9　程序调试窗口

这里有一个非常有用的视图，就是 Variables 视图，它显示了程序中的变量列表，允许查看它们的值。

要继续执行程序，只需选择 Run 菜单，选择继续（Step Into）、跳过（Step Over）、终止（Terminate）或恢复（Resume）等操作。

图书资源支持

感谢您一直以来对清华版图书的支持和爱护。为了配合本书的使用,本书提供配套的素材,有需求的用户请到清华大学出版社主页(http://www.tup.com.cn)上查询和下载,也可以拨打电话或发送电子邮件咨询。

如果您在使用本书的过程中遇到了什么问题,或者有相关图书出版计划,也请您发邮件告诉我们,以便我们更好地为您服务。

我们的联系方式:

地　　址:北京海淀区双清路学研大厦 A 座 707

邮　　编:100084

电　　话:010-62770175-4604

资源下载:http://www.tup.com.cn

电子邮件:weijj@tup.tsinghua.edu.cn

QQ:883604(请写明您的单位和姓名)

扫一扫

资源下载、样书申请

新书推荐、技术交流

用微信扫一扫右边的二维码,即可关注清华大学出版社公众号"书圈"。